AF331079

L'ASTRONOMIE

DE LA JEUNESSE

ESSAI DE VULGARISATION SCIENTIFIQUE

PAR

H. PLESSIX

Capitaine d'artillerie, ancien élève de l'École polytechnique

Ouvrage orné de trois portraits et de soixante-deux figures

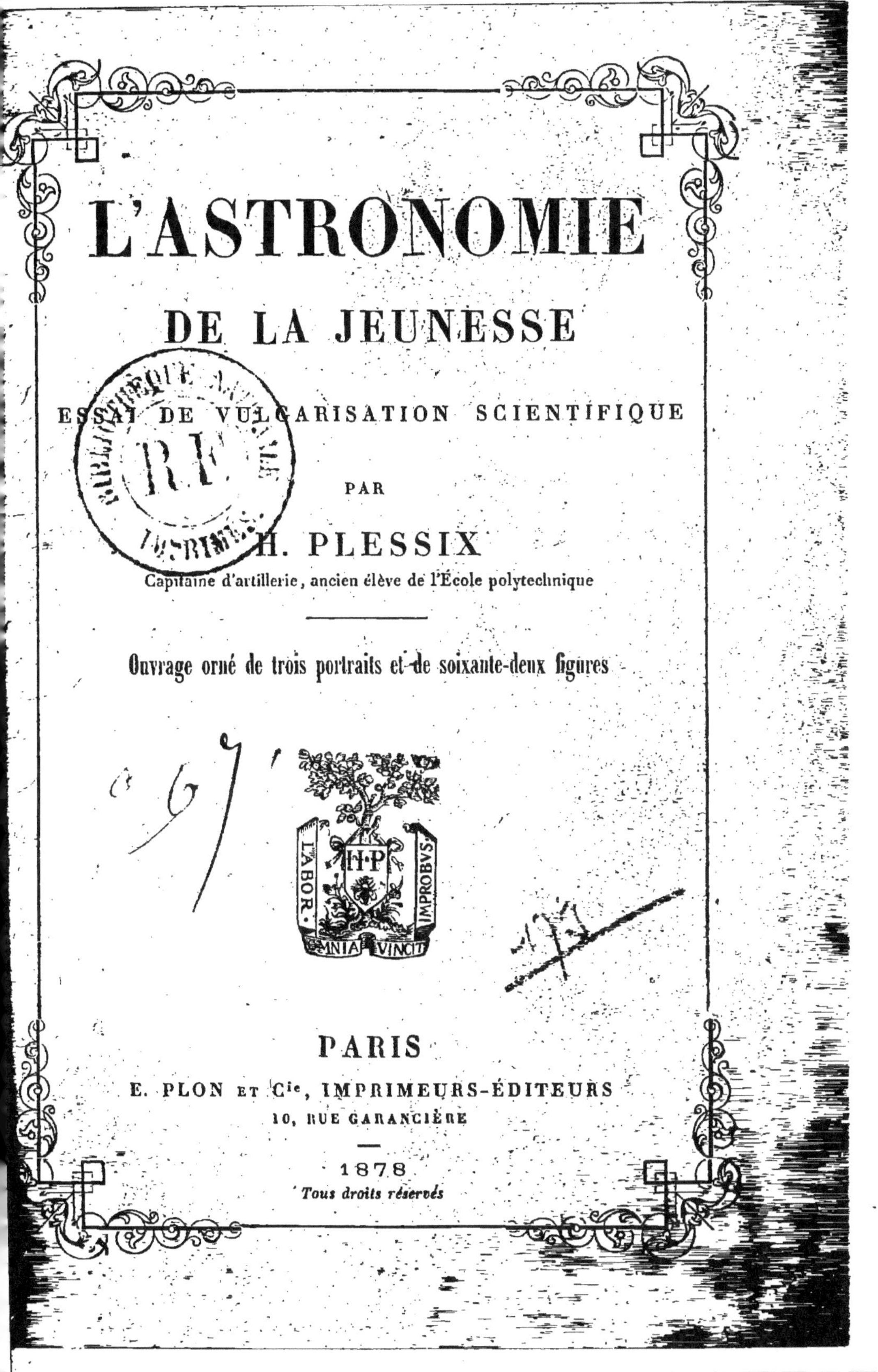

PARIS

E. PLON ET Cie, IMPRIMEURS-ÉDITEURS

10, RUE GARANCIÈRE

1878

Tous droits réservés

BIBLIOTHÈQUE NATIONALE
R F
IMPRIMÉS

L'ASTRONOMIE

DE LA JEUNESSE

1332

L'auteur et les éditeurs déclarent réserver leurs droits de traduction et de reproduction à l'étranger.

Ce volume a été déposé au ministère de l'intérieur (section de la librairie) en novemre 1877.

PARIS. TYPOGRAPHIE DE E. PLON ET Cie, 8, RUE GARANCIÈRE.

L'ASTRONOMIE

DE LA JEUNESSE

ESSAI DE VULGARISATION SCIENTIFIQUE

PAR

H. PLESSIX

Capitaine d'artillerie, ancien élève de l'École polytechnique

Ouvrage orné de trois portraits et de soixante-deux figures

PARIS

E. PLON et Cie, IMPRIMEURS-ÉDITEURS

RUE GARANCIÈRE, 10

1878

Tous droits réservés

A

mon éminent compatriote et excellent ami

M. le docteur ALPHONSE GUÉRIN

chirurgien de l'Hôtel-Dieu

membre de l'Académie de médecine

Humble témoignage de ma profonde et respectueuse

reconnaissance

Le capitaine d'artillerie

H. PLESSIX

PRÉFACE

Il m'a toujours paru profondément regrettable que plus d'efforts n'aient pas été tentés jusqu'à ce jour pour séparer les connaissances si diverses actuellement groupées sous les noms un peu effrayants d' « *Astronomie* » ou de « *Cosmographie* ».

De nombreuses notions usuelles, intéressantes pour tout le monde et précieuses pour le progrès général, se trouvent de la sorte n'être que le privilége de quelques-uns, quand elles devraient être la propriété du plus grand nombre.

Pour les répandre, il ne s'agit peut-être que de les débarrasser du langage technique, des expressions et des formules purement scientifiques qui en facilitent l'exposition dans les cours un peu élevés où on les enseigne d'ordinaire.

C'est là ce que j'ai voulu essayer de faire dans ce petit livre exclusivement destiné dans le principe à mes propres enfants, et que des amis, un peu trop bienveillants peut-être, m'ont facilement décidé à publier en m'assurant qu'il pouvait être utile à beaucoup d'autres.

H. Plessix.

L'ASTRONOMIE

DE LA JEUNESSE

I

Mes chers enfants,

Il est bien certainement arrivé plus d'une fois à chacun de vous de lever les yeux en l'air par une belle soirée, et d'apercevoir au-dessus de sa tête la grande voûte bleue que nous appelons le ciel.

Cette voûte, que l'on dirait faite d'un beau cristal bleu, n'existe pas en réalité. C'est l'air que nous respirons, qui, vu sous l'énorme épaisseur de soixante et quelques kilomètres, a cette teinte d'un si beau bleu.

Il n'y a là rien qui doive vous surprendre si vous

avez remarqué qu'en puisant, avec une carafe par exemple, dans certains lacs très-profonds où l'eau paraît également d'un bleu très-vif, on ne retire qu'un liquide parfaitement limpide et tout à fait incolore, comme le cristal même de la carafe.

La raison en est que dans la carafe on ne voit l'eau que sous une faible épaisseur de quelques centimètres, tandis que dans le lac on l'apercevait sous une épaisseur de plusieurs mètres, quelquefois même de plusieurs dizaines de mètres. Quoi qu'il en soit, lorsqu'il n'y a pas de nuages dans l'atmosphère pour diminuer la profondeur de la partie visible pour nous, une immense et superbe voûte de cristal bleu semble s'étendre au-dessus de nos têtes. Cette voûte est parsemée d'une énorme quantité de petits points brillants, plus ou moins étincelants, que l'on confond habituellement sous le nom d'étoiles, et que nous appellerons, si vous voulez, *les astres.*

Parmi ces astres, il y en a deux qui nous paraissent beaucoup plus gros que les autres. Vous les connaissez bien tous les deux. L'un, qui s'appelle le *Soleil,* jette une lumière si vive, qu'on ne peut le regarder fixement sans être ébloui. L'autre, qui s'appelle la *Lune,* répand une clarté plus douce, et, quand elle est dans son plein, ne nous paraît guère moins grande que le Soleil. Vous serez peut-être un peu surpris d'apprendre que cette Lune est cependant des millions de fois plus petite que le Soleil. Mais quand vous en aurez l'explication, ce qui ne tardera pas, cela vous semblera, au contraire, parfaitement simple.

Ces deux astres, qui nous paraissent ronds, ont en réalité chacun la forme d'une grosse boule. Il en est de même, du reste, de tous les autres astres qui décorent la voûte bleue du ciel. Il en est de même également de la *Terre* que nous habitons, et qui est un astre aussi, tout comme la Lune. On a été bien longtemps avant de s'apercevoir de cela. Cependant, c'était relativement bien facile, comme vous le reconnaîtrez bientôt. Mais ce ne sont pas toujours les choses les plus simples que l'on découvre les premières.

La Terre est donc un *astre* qui a, comme tous les autres, la forme d'une grosse boule. Cette *Terre* tourne autour du Soleil, en même temps qu'un certain nombre d'astres que l'on appelle *planètes;* et l'ensemble formé par le Soleil et les planètes est désigné par les savants sous le nom de *système solaire.*

Le Soleil, qui est l'astre le plus important et le plus volumineux de tout ce groupe, occupe ce qu'on appelle le *centre de gravité* du système. Pour ceux d'entre vous qui ne sont pas encore assez avancés dans leurs études pour comprendre le sens exact de ces mots : « *centre de gravité* », cela voudra dire tout simplement que le Soleil est au milieu du groupe de planètes formant avec lui le système solaire, dont il est l'astre principal.

Ainsi donc, la *Terre* est une planète, et, soit dit en passant, une des plus petites de celles qui tournent autour du Soleil. Les autres planètes principales du même groupe sont depuis des siècles désignées par les noms mythologiques de Uranus, Saturne, Jupiter, Vesta, Mars, Vénus, Mercure, etc. Les planètes secondaires, moins importantes et plus récemment découvertes, portent généralement les noms des savants qui les ont signalées ou étudiées les premiers. Telle est, par exemple, la planète Leverrier, qui porte le nom du célèbre directeur de l'Observatoire de Paris, mort tout récemment.

Chacune des planètes est elle-même, comme la Terre, l'astre principal d'un système de moindre importance, formé par d'autres planètes plus petites qui tournent autour d'elle, et que l'on appelle ses satellites. Ainsi la *Lune* est un satellite de la Terre ; c'est-à-dire que la Lune tourne autour de la Terre, absolument comme la Terre elle-même tourne autour du Soleil.

Le temps employé par chaque planète du système solaire pour faire un tour complet autour du Soleil est différent. Pour la Terre, ce tour complet qu'on appelle une *révolution* s'accomplit en une année, c'est-à-dire en trois cent soixante-cinq jours, et un quart de jour environ.

Quant à la Lune, son satellite, elle opère sa révolution autour de la Terre dans ce qu'on appelle le mois lunaire, qui est de vingt-sept jours et un tiers de jour.

Pendant son mouvement de révolution autour du Soleil, chaque planète tourne en même temps sur elle-même, comme une toupie, autour d'une ligne droite qui passerait par le centre de la planète.

Les deux extrémités de cette ligne qu'on appelle l'*axe de rotation*, c'est-à-dire les deux points où cet axe percerait la surface de la planète, sont désignées sous le nom de *pôles*. Ce sont les points qui seraient figurés sur une toupie en mouvement, par la tête et la pointe du fer de la toupie.

Cette révolution sur elle-même s'opère en un jour pour la Terre. Ce jour est communément divisé en vingt-quatre heures, et, pendant ces vingt-quatre heures, *il fait jour* pour les points qui sont placés de manière à recevoir les rayons du Soleil, et *il fait nuit* pour ceux qui en sont privés. Ce mouvement de rotation de la Terre autour de son axe est, du reste, d'une régularité parfaite.

II

Mais d'après cela, vont dire bon nombre d'entre vous, pour un même point de la Terre, tel, par exemple, que la maison que nous habitons, les jours devraient avoir la même longueur toute l'année, et les nuits aussi, puisque le mouvement de rotation de la Terre sur elle-même est si régulier. Cependant, nous savons tous le contraire.

En été, il fait encore jour quand nous nous mettons à table pour le repas du soir, et ordinairement quand nous en sortons, et quelquefois même longtemps après. En hiver, au contraire, il faut de la lumière pour dîner, et cependant notre heure est la même.

De plus, nous avons entendu affirmer bien souvent par notre papa, ou par d'autres personnes qui ne nous mentent jamais, — nous avons même lu dans de bons livres qui ne disent non plus que des

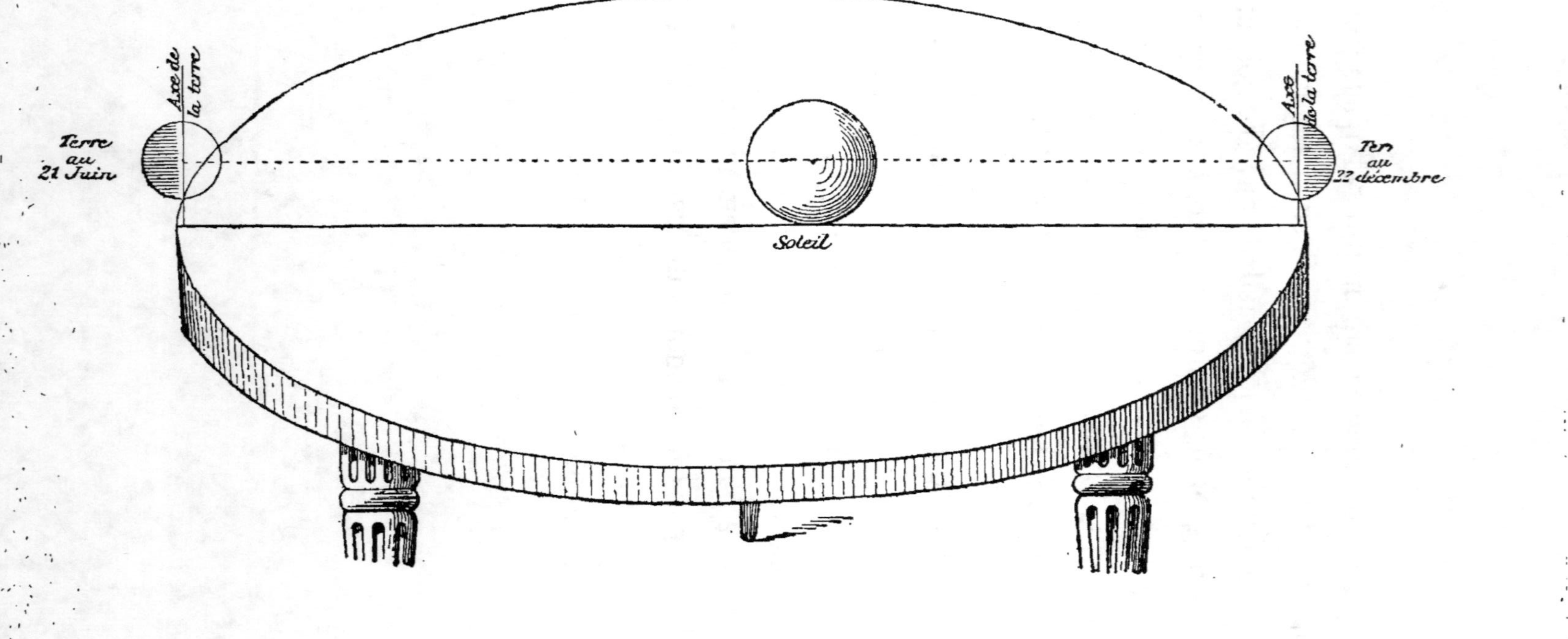

Axe de la terre
Terre au 21 Juin
Soleil
Axe de la terre
Terre au 22 décembre

choses vraies, comme ceux de notre excellent ami Jules Verne, par exemple, que dans certains pays il faisait quelquefois jour ou nuit, sans interruption, pendant plusieurs mois de suite.

Cela ne paraît guère s'accorder, au premier abord, avec les mouvements si réguliers de la Terre tournant invariablement avec la même vitesse, une fois sur elle-même en vingt-quatre heures, et faisant une fois le tour du Soleil en une année.

Cela s'accorde cependant très-bien, vous allez voir.

La Terre fait, dans un an, une fois le tour du Soleil, en décrivant dans le ciel une ligne courbe que l'on appelle l'*écliptique*, et dont la forme est celle d'une ellipse, comme celle de la table que vous voyez représentée à la page 8.

Le Soleil est placé à l'intérieur de cette courbe, comme il est ici figuré également, en un point qui porte le nom de *foyer* de l'ellipse et qui est sensiblement plus rapproché de l'une des extrémités de cette courbe aplatie que de l'autre.

Si la ligne autour de laquelle la Terre tourne régulièrement une fois en vingt-quatre heures était

1.

perpendiculaire à la table, dont le bord figure ici l'écliptique, — ou (pour ceux qui ne comprennent pas bien le mot *perpendiculaire*) si la Terre se mouvait comme une toupie qui ferait le tour de la table en restant bien droite, bien d'aplomb sur cette table, sans pencher ni à droite ni à gauche, — les jours seraient effectivement d'une longueur à très-peu près constante pendant toute l'année.

Chaque point de la Terre serait en effet, à fort peu de chose près, placé pendant douze heures sur vingt-quatre de manière à voir le Soleil, et pendant les douze autres heures de manière à ne pas recevoir ses rayons.

Toutefois, le Soleil étant beaucoup plus gros que la Terre, les deux pôles de la Terre et les points très-voisins de chacun d'eux seraient toujours compris entre les deux lignes qui touchent à la fois le bord du Soleil et celui de la Terre, comme vous le montre la figure de la page 11, et par conséquent il ferait constamment jour aux deux pôles.

D'après cette figure, où la partie de la surface de la Terre qui contient les points pour lesquels il fait jour est évidemment plus grande que celle qui contient les points pour lesquels il fait nuit, vous pouvez vous rendre compte très-facilement

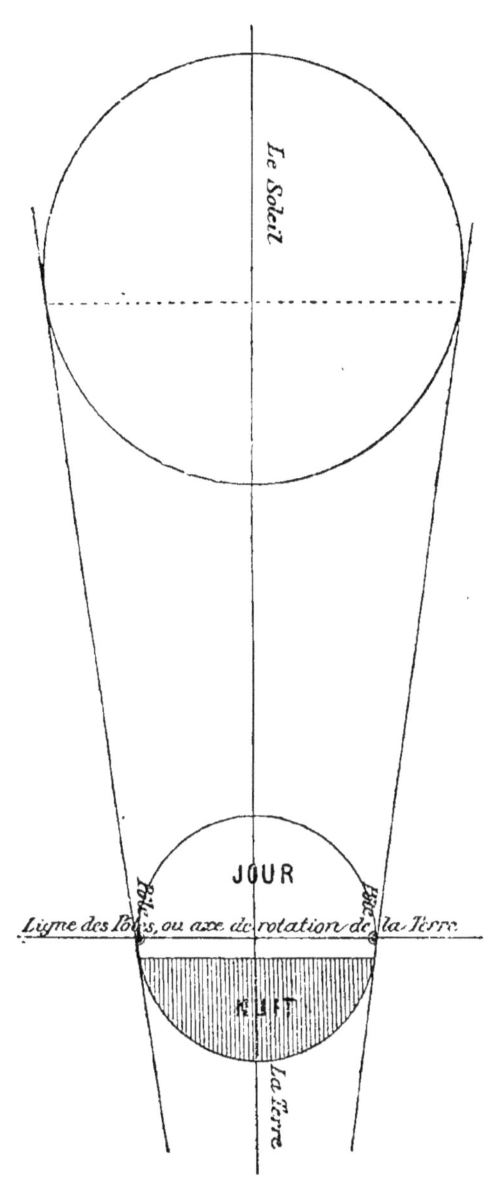

que par suite de la différence de grosseur entre le

Soleil et la Terre, les jours seraient un peu plus longs que les nuits. La différence serait d'autant plus faible, évidemment, que le Soleil serait plus éloigné de la Terre. Par conséquent, en revenant à notre table de tout à l'heure (page 8), les jours seraient un peu plus longs lorsque la Terre serait à l'extrémité droite de la table où sont écrits les mots : *Terre au 22 décembre* (parce que c'est la position qu'elle occupe à cette date), que quand elle serait à l'extrémité gauche, *au 21 juin*.

Mais la différence serait de quelques minutes seulement ; on pourrait donc considérer la longueur des jours et des nuits comme constante toute l'année, car c'est à peine si l'on s'apercevrait de leur légère variation.

Or, vous savez parfaitement bien qu'il n'en est pas ainsi.

A quoi donc cela tient-il ?

A bien peu de chose, mes chers enfants. Cela tient tout simplement à ce que la ligne des pôles, autour de laquelle la Terre fait un tour en vingt-quatre heures, n'est pas perpendiculaire au plan de

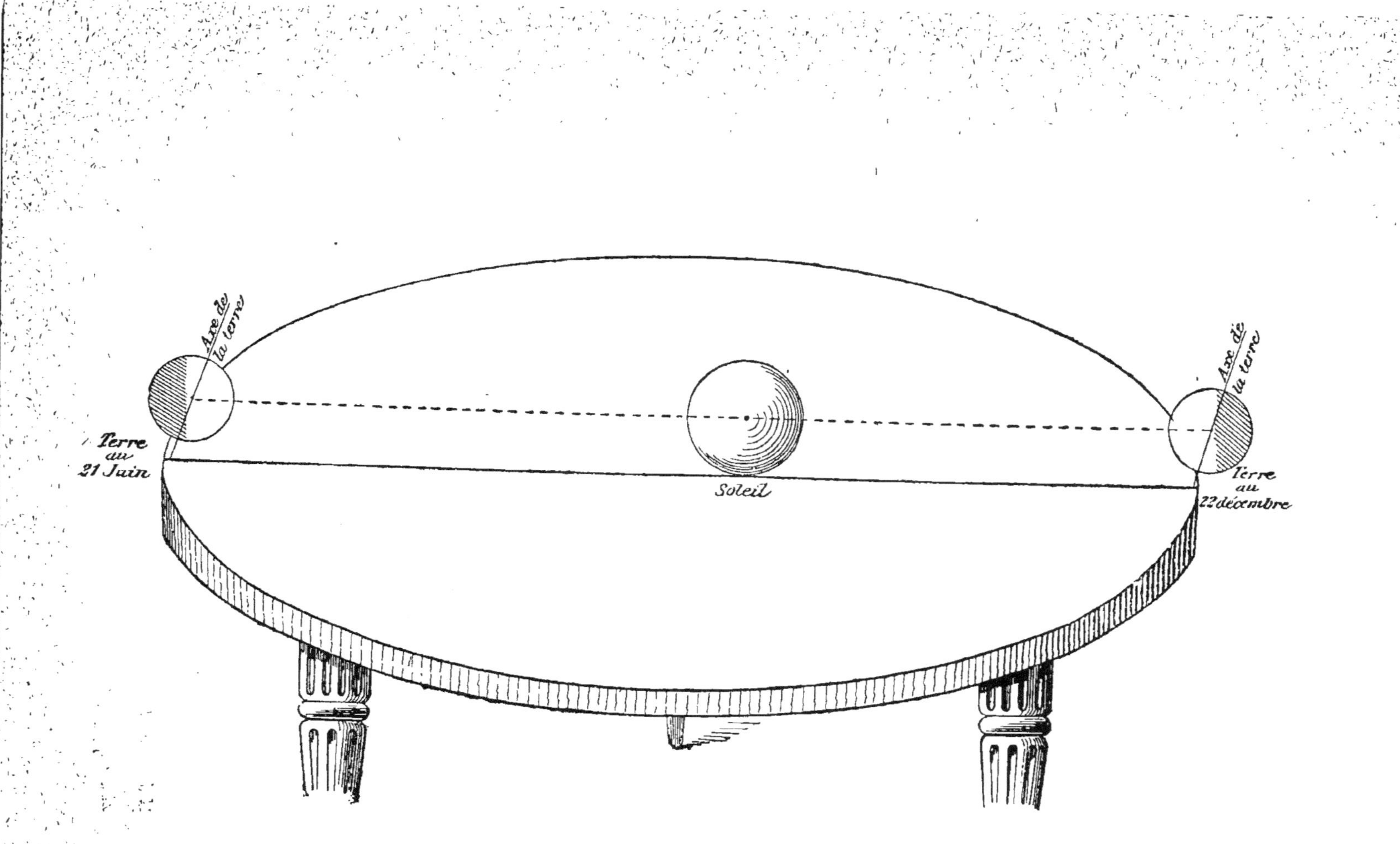

Axe de la terre
Terre au 21 Juin
Soleil
Axe de la terre
Terre au 22 décembre

l'écliptique, — ou, pour reprendre la comparaison de tout à l'heure, à l'usage de ceux qui ne comprennent pas bien le sens du mot *perpendiculaire*, cela tient à ce que la Terre, en tournant sur elle-même comme une toupie qui ferait en même temps le tour de la table, reste constamment penchée vers la droite, au lieu d'être bien d'aplomb comme nous l'avions d'abord supposé; de telle sorte qu'elle est à peu près dans la position où vous la voyez représentée à la page 13.

Il en résulte que chacun de ses points, en tournant autour de la ligne des pôles, ne reste plus à la même hauteur au-dessus de la table. Cela suffit pour que tout ce que nous avions dit plus haut soit faussé, et pour que les jours soient plus courts à Paris vers le 22 décembre que vers le 21 juin. Cela va vous paraître parfaitement évident dans quelques instants.

Prenons d'abord le Soleil et la Terre au 22 décembre. Nous les représenterons, dans leurs positions respectives à cette époque, par les deux grosses boules que vous voyez figurées page 16. La partie de la Terre pour laquelle il fait nuit est teintée en noir au moyen de hachures dirigées dans le sens du mouvement de chacun des points de la surface de la Terre autour de son axe. Cet axe, c'est-à-dire la ligne qui va d'un pôle à l'autre, est, comme il a été dit plus haut, assez sensiblement penché vers la droite.

Un gros point, auprès duquel vous voyez écrit *Paris* 1, représente la ville de Paris dans la position qu'elle occupe à midi, le 21 décembre. Lorsque la Terre tourne, la ville de Paris, participant à son mouvement, décrit autour de la ligne des pôles un cercle représenté ici par une ellipse qui penche du côté droit. Une moitié de cette ellipse est un gros trait noir ; c'est celle qui correspond à la partie du cercle qui se trouve sur la moitié de la boule qui est tournée de notre côté et que nous voyons. L'autre est tracée en petits points ronds ; c'est celle qui est située sur l'autre moitié de la boule que nous ne pouvons pas voir en même temps que la première. Une flèche indique le sens du mouvement de Paris sur la moitié de la boule qui est pour nous visible.

Lorsque Paris, se mouvant dans le sens de cette

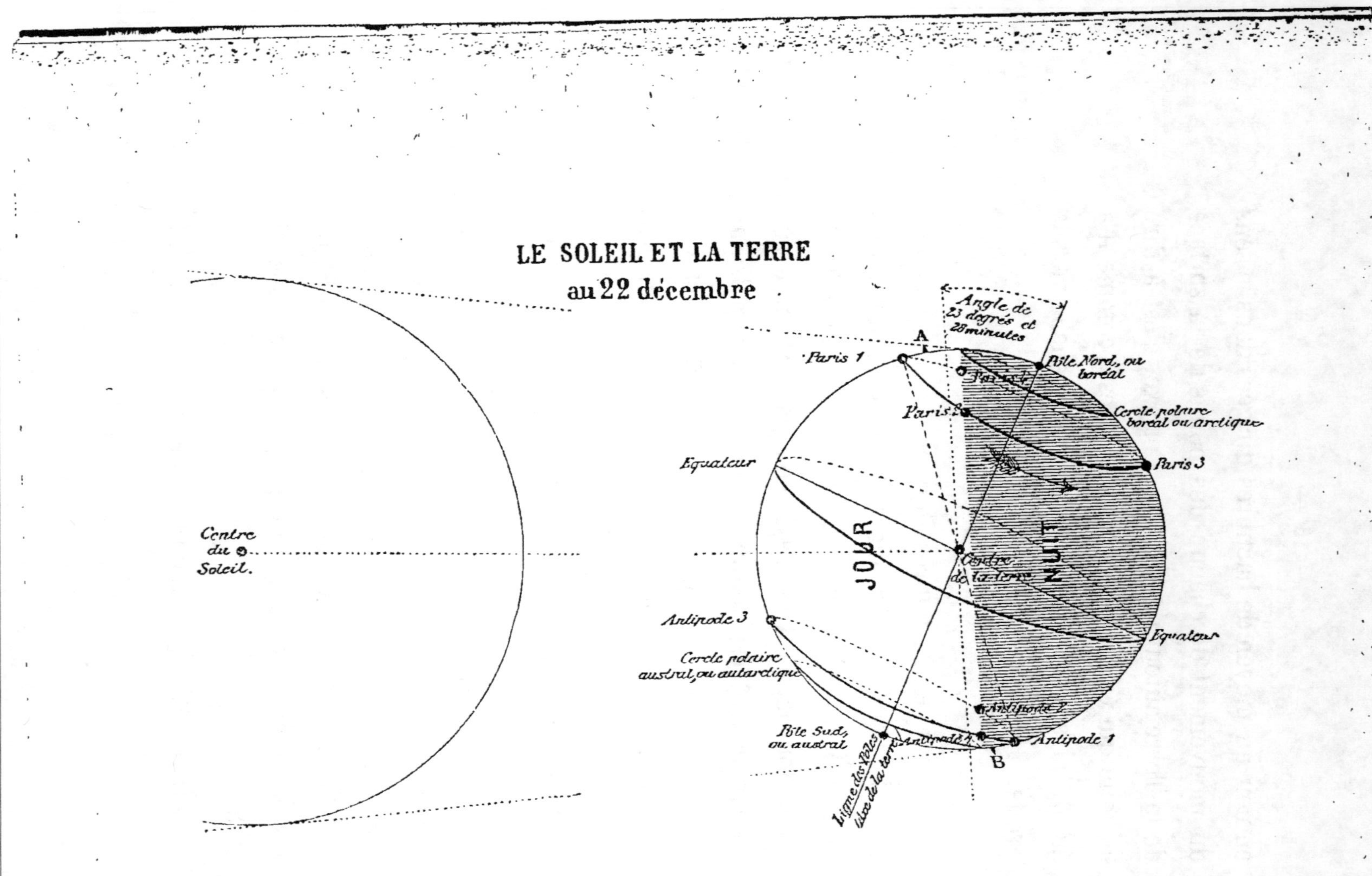

LE SOLEIL ET LA TERRE
au 22 décembre
Angle de 23 degrés et 28 minutes
A
Paris 1
Paris 2
Paris 3
Pôle Nord, ou boréal
Cercle polaire boréal ou arctique
Equateur
Equateur
JOUR
NUIT
Centre du Soleil.
Centre de la terre
Antipode 3
Cercle polaire austral, ou antarctique
Antipode 2
Antipode 1
Pôle Sud, ou austral
Antipode 4
Ligne des Pôles (Axe de la terre)
B

flèche, est arrivé au second point noir marqué *Paris* 2, il entre dans la zone des points où il fait nuit. Il va, par conséquent, commencer à faire nuit à Paris, et il n'est encore que quatre heures après midi environ. Vous voyez, en effet, que ce second point est bien plus rapproché du premier *Paris* 1 que du troisième marqué *Paris* 3, où la ville de Paris arrivera à *minuit*.

Paris aura alors fait juste la moitié d'un tour autour de l'axe de la Terre. En continuant son mouvement, il parviendra le lendemain matin, un peu avant huit heures du matin, au quatrième point marqué *Paris* 4, et entrera de nouveau dans la zone des points où il fait jour, c'est-à-dire qu'il recommencera à faire jour à Paris.

Le tour achevé, Paris sera revenu au point *Paris* 1. Il sera alors midi du 22 décembre.

Ainsi, dans les vingt-quatre heures écoulées entre les deux midis du 21 et du 22 décembre, Paris n'aura reçu les rayons du Soleil que de midi à quatre heures, le 21 décembre, et de huit heures environ du matin à midi, le 22 décembre ; c'est-à-dire, en tout, un peu plus de huit heures.

La nuit, au contraire, aura duré de quatre heures

après midi le 21, jusqu'à près de huit heures du matin le 22, ce qui fait près de seize heures.

La nuit aura donc été sensiblement le double du jour.

Maintenant voyons ce qui se passe, le même jour, au point de la surface de la Terre situé à l'extrémité de la ligne qui, partant de Paris, irait passer par le centre de la Terre. Ce point est ce que l'on appelle l'*antipode* de Paris. Ce nom est formé de deux mots grecs, dont le sens est à peu près : *opposé par les pieds.*

C'est qu'en effet deux hommes se promenant sur la surface de la Terre, l'un à Paris, l'autre à l'antipode de Paris, sont placés, l'un par rapport à l'autre, comme une personne qui se promènerait sur une glace, et son image dans cette glace.

Il y a là quelque chose qui étonnera peut-être quelques-uns d'entre vous ; mais vous verrez plus loin que cela s'explique, comme le reste, très-simplement.

Revenons à notre antipode de Paris, qui est situé au milieu d'une grande mer appelée *océan Pacifique,* et tout près duquel se trouve justement une petite île de l'Océanie que les navigateurs ont nommée *île Antipode*.

Le 21 décembre, quand il est midi à Paris, c'est-à-dire quand Paris est au point *Paris* 1, vous voyez que son antipode est placé au gros point noir marqué *antipode* 1. Il est alors *minuit* à cet antipode.

La Terre tournant autour de la ligne des pôles, l'antipode arrive au point marqué *antipode* 2, presque en même temps que Paris au point *Paris* 2 (un peu avant cependant, par suite de la différence de grosseur du Soleil et de la Terre). Il est donc un peu moins de quatre heures du matin à l'antipode, et il commence à y faire jour presque en même temps qu'il commence à faire nuit à Paris. Le mouvement continuant, l'antipode arrive au gros point noir marqué *antipode* 3 au moment même où Paris arrive au point *Paris* 3. Il est alors *midi* à l'antipode, et minuit à Paris.

Enfin, la Terre tournant toujours, l'antipode atteint le point marqué ici *antipode* 4 un peu après que Paris a passé au point *Paris* 4, c'est-à-dire vers huit heures. Il va alors commencer à faire de nouveau nuit à l'antipode, comme il fait de nouveau jour à Paris.

Quand l'antipode aura achevé son tour complet, il sera de retour au point *antipode* 1 ; ce sera minuit du 22 décembre.

Ainsi, dans ces vingt-quatre heures, il aura donc fait jour à l'antipode depuis quatre heures du matin environ jusqu'à huit heures du soir, c'est-à-dire un peu plus de seize heures, tandis que la nuit n'aura duré que huit heures.

C'est, comme vous voyez, tout l'inverse de ce qui avait lieu à Paris le même jour.

Vous devez maintenant parfaitement comprendre tout seuls que si, au lieu de considérer Paris et son antipode, nous avions pris un point A plus rapproché du pôle nord, son antipode aurait été en B plus près du pôle sud. Pour le même jour, 22 décembre, le jour aurait été au point A plus court qu'à Paris, et la nuit plus longue ; tandis qu'au point B le jour aurait été plus long, et la nuit plus courte qu'à l'antipode de Paris.

Enfin, si, en nous rapprochant du pôle nord, nous prenons le point où commence la ligne de séparation du jour et de la nuit, ce point a beau tourner autour de la ligne des pôles, il reste toujours dans la partie où il fait nuit. Il fera donc nuit pour ce point vingt-quatre heures de suite dans la journée du 21 au 22 décembre.

Le cercle décrit par ce point dans le mouvement de la Terre s'appelle *cercle polaire boréal*. Tous les points qui sont encore plus rapprochés que lui du pôle nord ont également, ce jour-là, une nuit de vingt-quatre heures, et cette nuit se prolonge au delà d'autant plus longtemps, pour chacun d'eux, qu'il est plus voisin dudit pôle. Pour le pôle lui-même, elle ne finit que le 20 mars, et elle avait commencé le 23 septembre.

Pour les antipodes de ces points-là, compris entre le *cercle polaire austral* et le pôle austral lui-même, il fait jour vingt-quatre heures de suite ou plus, suivant leur voisinage de ce pôle, qui jouit personnellement d'un jour non interrompu du 23 septembre au 20 mars.

Ceci commence à vous expliquer ce que vous avez pu entendre dire par des personnes qui ne mentent pas, que, dans certains pays, il fait alternativement jour ou nuit pendant des mois entiers sans interruption.

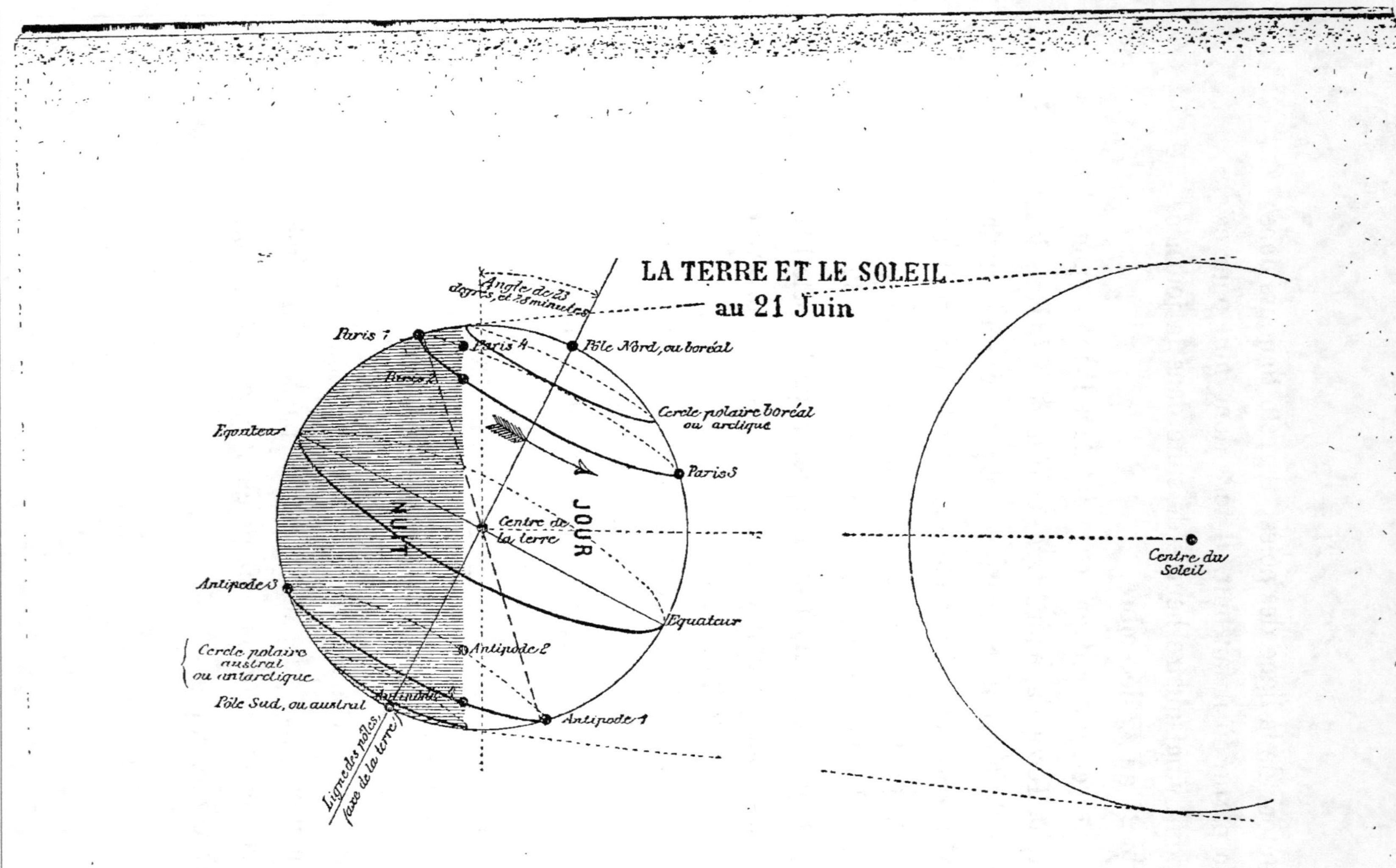

LA TERRE ET LE SOLEIL
au 21 Juin
Angle de 23 degrés, et 28 minutes
Paris 1
Paris 4
Pôle Nord, ou boréal
Cercle polaire boréal ou arctique
Paris 5
Équateur
NUIT
JOUR
Centre de la terre
Antipode 3
Équateur
Antipode 2
Cercle polaire austral ou antarctique
Pôle Sud, ou austral
Antipode 4
Antipode 1
Ligne des pôles, (axe de la terre)
Centre du Soleil

Prenons maintenant la Terre et le Soleil dans les positions qu'ils occupent, le 21 juin, l'un par rapport à l'autre. Ce jour-là, la Terre est arrivée à l'extrémité gauche de la table qui nous servait tout à l'heure (page 13) à figurer l'ensemble du mouvement.

En les grossissant, comme nous avions fait pour le 22 décembre, nous obtenons la figure ci-contre, (page 22). Paris occupe, par rapport à la ligne des pôles, la même position que tout à l'heure, bien entendu ; son antipode aussi, et les cercles décrits par ces deux points aussi ; il n'y a rien de changé que la position de la partie éclairée par le Soleil et celle de la partie qui ne l'est pas. Ces deux parties sont inversées, ce qui est tout simple ; puisque maintenant le Soleil est à droite de la Terre au lieu d'être à gauche comme la première fois.

Qu'en résulte-t-il ?

Il en résulte que, dans la première position de la ville de Paris, au point marqué *Paris 1*, il est minuit à Paris. Il y fait nuit noire, par conséquent, et il va continuer d'y faire nuit jusqu'à ce que, par suite du mouvement de rotation de la Terre, la ville de Paris soit arrivée au point marqué *Paris* 2.

A ce moment, c'est-à-dire vers quatre heures du matin, Paris entre dans la partie éclairée par le Soleil, il commence à faire jour pour les Parisiens; la Terre tournant toujours, Paris arrive, à *midi*, au point marqué *Paris* 3, et continue de rester dans la zone éclairée jusqu'à ce qu'il soit arrivé au point marqué *Paris* 4, qu'il n'atteint que vers huit heures après midi.

Paris entre alors de nouveau dans la partie qui n'est pas éclairée par le Soleil, il y fait de nouveau nuit, et le mouvement continuant, Paris regagne, petit à petit, sa première position où il arrive à minuit le 22 juin, après avoir achevé son tour complet.

Cette fois, c'est donc le jour qui a duré d'abord huit heures (de quatre heures du matin à midi), puis huit heures encore (de midi à huit heures du soir), ce qui fait en tout seize heures.

La nuit, au contraire, n'a duré que huit heures environ, en tout.

Pour l'antipode, c'est évidemment le contraire :

la nuit a été de seize heures, à peu de chose près, et le jour n'a duré que huit heures en nombre rond.

Ainsi, voilà bien du changement entre le 22 décembre et le 21 juin.

Quant à la partie voisine du pôle nord, pour laquelle il avait fait nuit vingt-quatre heures de suite le 22 décembre, elle se rattrape aujourd'hui, 21 juin. Il y fait jour cette fois vingt-quatre heures de suite… Réciproquement, la partie voisine du pôle sud, qui avait eu un jour de vingt-quatre heures, le 22 décembre, a cette fois une nuit de vingt-quatre heures.

Pour les pôles eux-mêmes, le boréal ou pôle nord, qui avait eu une nuit de six mois, du 23 septembre au 20 mars, a maintenant un jour de six mois, du 20 mars au 23 septembre.

Le pôle austral a de même une nuit de six mois, après avoir eu un jour de six mois.

Il n'y a que les points situés à égale distance des deux pôles, c'est-à-dire sur le grand cercle qui, passant par le centre de la Terre, la divise en deux parties égales, pour lesquels rien n'est changé.

Pour ceux-là, effectivement, la nuit et le jour ont la même durée toute l'année; ils sont à très-peu près de douze heures chacun, sauf une toute petite variation provenant de ce que la partie de la surface où il fait jour est un peu plus grande que celle où il fait nuit, par suite de la différence de grosseur du Soleil et de la Terre.

Il a suffi, comme vous voyez, d'une légère inclinaison de l'axe de la Terre vers la droite, pour produire cette inégalité qui constitue en partie les saisons.

Cette inclinaison n'est que de 23 degrés et 28 minutes (23° 28′), comme cela est écrit dans un petit coin de la figure (pages 16 et 22). Heureusement qu'elle n'est pas plus forte; s'il en était ainsi, la partie de la surface de la Terre pour laquelle il y a des jours et des nuits de vingt-quatre heures, ou plus, serait plus grande qu'elle ne l'est, et cela ne serait pas très-gai, n'est-ce pas, mes chers enfants?

III

La variation périodique de la longueur du jour et de la nuit, pour un même point de la Terre, n'est pas la seule conséquence importante de l'inclinaison de la ligne des pôles. Il s'en faut de beaucoup, comme vous allez voir.

Ainsi, vous savez tous parfaitement que, le 21 juin par exemple, il fait communément beaucoup plus chaud à Paris que le 22 décembre. Le 21 juin, c'est l'été qui commence, et le 22 décembre, c'est l'hiver. La différence de température entre ces deux saisons est une chose dont on est bien obligé de s'apercevoir tout seul.

Eh bien! c'est encore l'inclinaison de l'axe de la Terre sur l'écliptique qui en est la cause.

D'abord, il est bien naturel, en effet, que, le 21 juin, Paris, recevant les rayons du Soleil seize

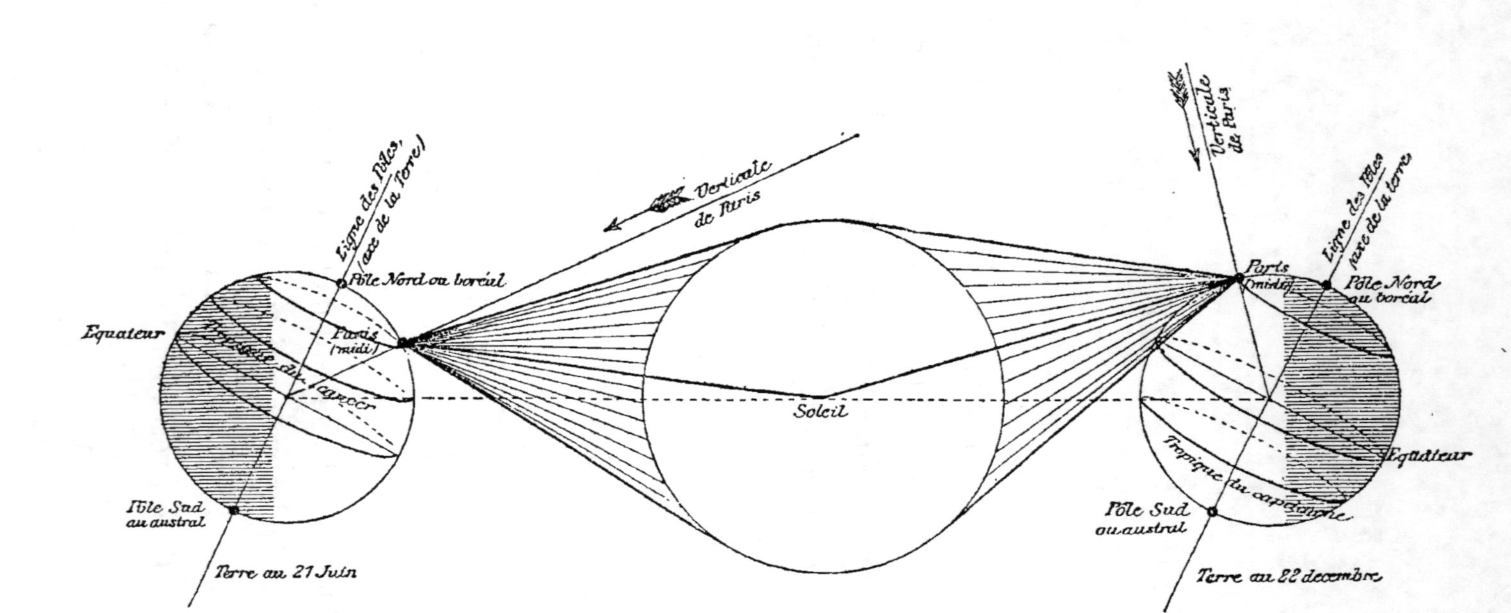

Ligne des Pôles (axe de la Terre)
Pôle Nord ou boréal
Equateur
Tropique du cancer
Paris (midi)
Pôle Sud ou austral
Terre au 21 Juin
Verticale de Paris
Soleil
Verticale de Paris
Paris (midi)
Ligne des Pôles (axe de la terre)
Pôle Nord ou boréal
Equateur
Tropique du capricorne
Pôle Sud ou austral
Terre au 22 décembre

heures sur vingt-quatre, en acquière une plus grande chaleur que le 22 décembre, où le Soleil ne l'éclaire que huit heures environ, c'est-à-dire la moitié moins de temps.

Cependant, s'il n'y avait que cette raison (qui a, du reste, sa valeur), on pourrait lui opposer que, le 21 juin, Paris est beaucoup plus éloigné du Soleil que le 22 décembre, et que cela devrait un peu rétablir l'équilibre.

Aussi, la durée du jour n'est-elle qu'une cause secondaire de la différence de température en un même point de la Terre, pendant les deux saisons que nous appelons l'*été* et l'*hiver*.

La raison principale de cette différence n'est pas là, vous allez le comprendre.

Figurons de nouveau (page 28) le Soleil et la Terre dans leurs positions relatives au 22 décembre et au 21 juin, et prenons les positions occupées par la ville de Paris, le midi de chacun de ces deux jours.

Les rayons qui vont du Soleil à Paris, le 22 décembre à midi, seront représentés par l'espèce de fuseau qui est à droite, et vous pouvez remarquer

2.

que l'ensemble de ces rayons rase presque la surface de la Terre, à ce point marqué *Paris (midi)*, *22 décembre*.

Par conséquent, celui qui se promène ce jour-là, à midi, sur le boulevard, au lieu d'apercevoir le Soleil au-dessus de sa tête, dans la direction de la ligne marquée *verticale de Paris* (qui est celle des murs des maisons, celle des colonnes, celle que suivrait une pierre tombant près de lui), l'apercevra, au contraire, devant lui, dans le lointain, peu élevé au-dessus du boulevard même.

Le 21 juin, au contraire, les rayons qui viennent du Soleil à Paris forment un faisceau qui tombe presque d'aplomb sur ce point de la Terre. Le promeneur du boulevard de tout à l'heure sera obligé ce jour-là, à midi, de lever la tête pour voir le Soleil. Cet astre lui semblera très-haut, presque au-dessus de lui, et à très-peu près dans la direction de la verticale.

Eh bien! c'est cette différence considérable dans la direction des rayons qui tombent en un même point, au 22 décembre et au 21 juin, qui est la cause presque unique de la différence entre les températures ordinaires de ces deux époques.

Cela vous semblera déjà bien naturel, si vous réfléchissez que lorsque les rayons du Soleil ne font que raser la Terre, ils glissent en quelque sorte sur elle, sans avoir le temps de la réchauffer, tandis que lorsqu'ils tombent d'aplomb, la Terre peut absorber toute leur chaleur.

Mais une comparaison, que vous pouvez faire très-facilement vous-mêmes tous les jours, vous rendra la chose encore plus évidente.

Le matin, lorsque vous vous levez de bonne heure, en été par exemple, vous apercevez le Soleil à votre gauche, très-peu élevé au-dessus de l'horizon. Il vous semble bien loin, bien loin du côté de l'orient, et s'il est bien grand matin, on dirait qu'il touche la Terre de ce côté.

Ses rayons vous arrivent alors en rasant la Terre. Ils ne vous causent qu'une très-douce impression de chaleur. Le moindre vent un peu frais suffit pour la rendre insensible. Mais le même jour, vers midi, le Soleil est au-dessus de vos têtes. Ses rayons tombent à pic sur vos jolis petits fronts. Si, malgré les recommandations de vos chers parents, vous n'avez pas soin de garder votre chapeau pour vous protéger contre ses rayons brûlants, ils deviennent assez dangereux pour vous donner une *insolation*, ce que vous appelez dans votre charmant petit langage *un coup de soleil*, qui peut mettre vos jours en danger.

C'est cependant le même Soleil que le matin. Il est sensiblement à la même distance de vous dans les deux cas. La direction seule de ses rayons a changé, et c'est assez pour que la douce chaleur du matin soit devenue la brûlante et dangereuse insolation du midi.

Il est donc bien naturel que pour la même raison, comme cela vous a été expliqué tout à l'heure, la chaleur du Soleil soit incomparablement moins sensible à Paris le 22 décembre que le 21 juin.

C'est à cette dernière date, 21 juin, que le Soleil de midi se rapproche le plus (*à Paris*) de la verticale; mais, comme vous le voyez sur la partie gauche de la figure (page 28), il en est encore assez éloigné.

Il y a, au contraire, des points de la Terre pour lesquels ce jour-là et d'autres encore le Soleil est exactement sur la verticale. Vous pensez qu'il y fait chaud.

Tels sont, par exemple, ceux qui sont situés sur le cercle qui porte à la page 28, à gauche, le nom de *tropique du Cancer*. Ceux-là ont le Soleil sur leur verticale le 21 juin.

Vous voyez de même sur la Terre au 22 décembre, à droite, un autre cercle appelé *tropique du Capricorne;* les points de celui-ci ont le Soleil sur leur verticale le 22 décembre.

Entre ces deux tropiques, est ce qu'on appelle la *zone torride;* c'est la partie de la surface de la Terre où il fait le plus chaud. Tous ses points ont successivement, et chacun à leur tour, le Soleil sur la verticale. Nous en reparlerons en détail plus tard.

Ainsi donc, l'inclinaison de l'axe de la Terre produit les variations de température des saisons, comme les variations de durée du jour et de la nuit. Si cette inclinaison était plus considérable qu'elle ne l'est, les différences de température pour un même point seraient aussi plus grandes.

Si elle devenait nulle, au contraire, c'est-à-dire si la ligne des pôles était redressée, comme nous l'avons d'abord supposé, rien de cela n'existerait plus. La longueur du jour serait alors la même le 21 juin et le 22 décembre, ainsi que la longueur de la nuit, comme nous l'avions dit en commençant. De plus, la température qui serait également la même ces deux jours-là, et tous les autres jours de l'année, serait celle du *printemps*. Nous définirons exactement ce mot un peu plus loin.

Il y a là vraiment de quoi faire soupirer ceux qui craignent les froids rigoureux de l'hiver ou les chaleurs excessives de l'été.

Il ne serait même pas impossible que cette perspective fît naître dans des cerveaux impatients et audacieux le désir d'entreprendre la tâche difficile de redresser cette fameuse ligne des pôles.

Ce serait là une entreprise encore plus remarquable que celle des fameux Américains dont votre ami Jules Verne vous a raconté le voyage à la Lune.

Mais il faudrait avant tout trouver un point d'appui pour faire l'opération, et depuis Archimède on le cherche en vain.

Il ne s'agit peut-être, du reste, que d'avoir un peu de patience, et cela se fera tout seul, — si l'on ajoute foi aux observations faites, depuis trois mille ans, par les savants des divers âges et des divers pays.

Il résulte, en effet, des renseignements que nous ont transmis tous ces savants, que *onze cents ans avant Jésus-Christ,* c'est-à-dire il y a à peu de chose près trois mille ans, l'inclinaison de l'axe de la Terre était de 23 degrés et 54 minutes (23° 54′).

Or, les observations modernes, contemporaines, prouvent que cette inclinaison n'est plus aujourd'hui que de 23 degrés et 28 minutes (23° 28′).

D'après cela, l'axe de la Terre se serait donc redressé de 26 minutes en trois mille ans.

Si ce mouvement de redressement se continue, l'axe sera donc complétement redressé dans autant de fois trois mille ans qu'il y a de fois 26 minutes dans 23 degrés et 28 minutes.

Or, vous savez tous qu'un degré contient 60 minutes. Vous avez donc tout ce qu'il faut pour faire ce calcul. Si vous prenez la peine de l'exécuter, vous verrez que le redressement complet aurait lieu au bout de 192,340 ans environ.

Il ne s'agit donc plus que d'attendre *cent quatre-vingt-douze mille trois cents et quelques années,* et l'opération sera faite toute seule.

Il n'y aura plus alors ni *été* ni *hiver*, il ne fera plus ni trop froid ni trop chaud à Paris, les jours y dureront un peu plus de douze heures, et les nuits un peu moins. Ce sera, là et ailleurs, un éternel printemps.

Tout cela, bien entendu, à la condition que les savants du temps passé ne se soient pas trompés et que le mouvement de relèvement de l'axe de la Terre ne vienne pas à cesser.

Malheureusement les savants modernes, qui sont très-forts, comme vous le verrez bientôt, prétendent être certains qu'après s'être relevé encore pendant un bon nombre de siècles, cet axe s'inclinera petit à petit de nouveau pendant une nouvelle série de plusieurs millions d'années, pour reprendre ensuite son mouvement de relèvement et ainsi de suite pendant l'éternité !

Mais, dans ce qui précède, nous avons plusieurs fois parlé du *printemps;* ce mot demande à être expliqué.

Il nous faut pour cela revenir à la table qui nous a servi en commençant à représenter le mouvement de la Terre autour du Soleil.

Elle est représentée de nouveau page 38.

Le 22 décembre, la Terre occupe l'extrémité droite de cette table, et, en marchant dans la direction de la flèche qui indique le sens du mouvement, elle arrive à l'extrémité gauche le 21 juin. Chemin faisant, elle a fait sur elle-même autant de tours complets autour de la ligne des pôles, qu'il y a de fois vingt-quatre heures entre le 22 décembre et le 21 juin.

La durée du jour, qui, le 22 décembre, était à peu près la moitié de celle de la nuit, est au contraire double de la durée de la nuit le 21 juin, comme nous l'avons précédemment expliqué.

Ce changement s'est opéré progressivement, bien entendu. Ainsi, le 23 décembre, le jour a été un peu plus long, et la nuit un peu plus courte que le 22. — De même, le 24, le 25, le 26, etc., le jour a encore été un peu plus long, et la nuit encore un peu plus courte que le 23, le 24, le 25, etc... Il est alors arrivé une époque où le jour et la nuit ont été de douze heures chacun. Puis, le lendemain, c'est le jour qui a duré un peu plus de douze heures, et la nuit un peu moins; et l'inégalité dans ce sens s'est accrue progressivement, de jour en jour, jus-

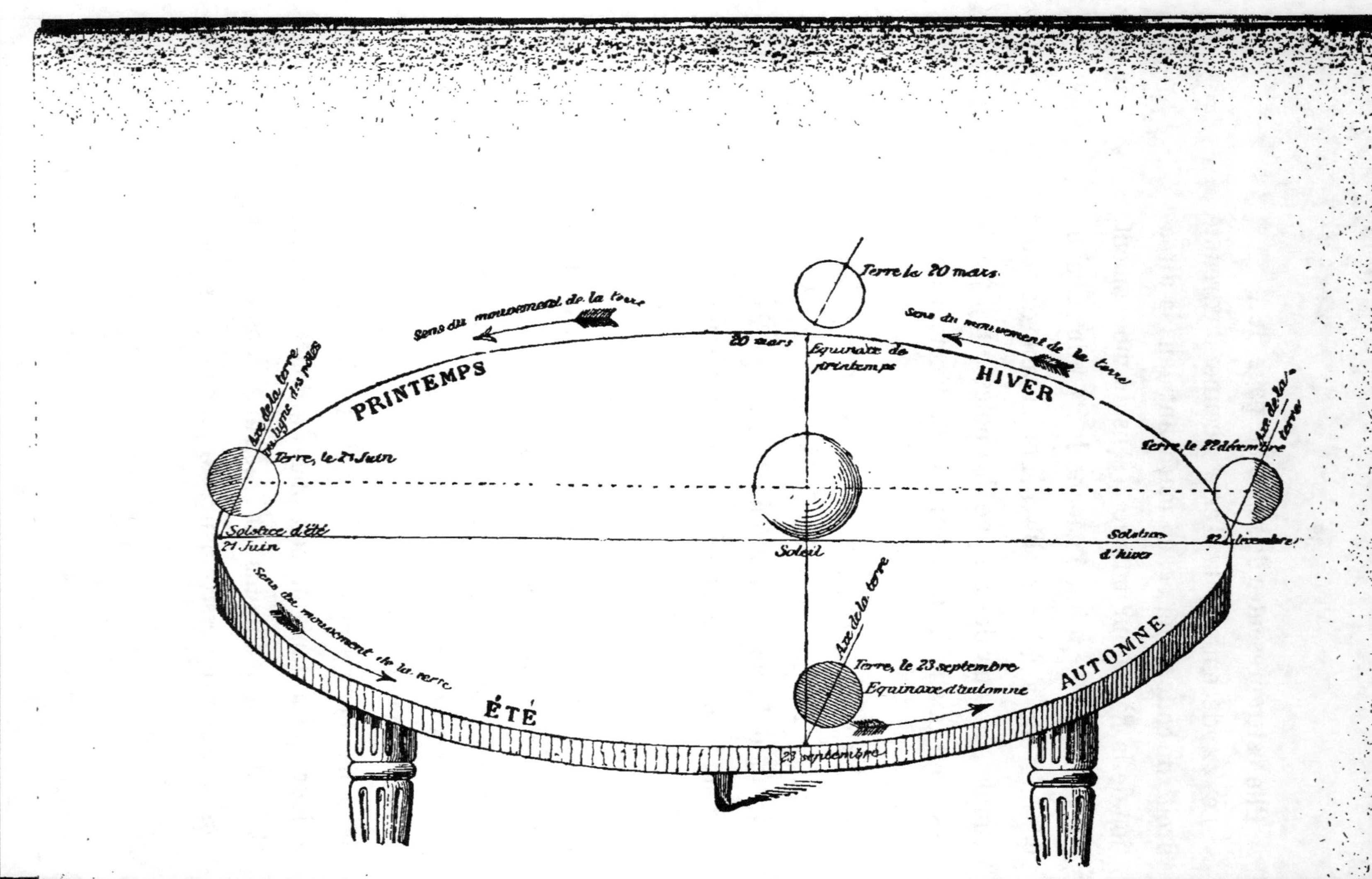

Terre le 20 mars
Sens du mouvement de la terre
Sens du mouvement de la terre
20 mars
Équinoxe de printemps
HIVER
PRINTEMPS
Axe de la terre ou ligne des pôles
Terre, le 21 Juin
Terre, le 1er décembre
Axe de la terre
Solstice d'été 21 Juin
Soleil
Solstice d'hiver
1er décembre
Sens du mouvement de la terre
Axe de la terre
Terre, le 23 septembre
Équinoxe d'automne
AUTOMNE
ÉTÉ
23 septembre

qu'au 21 juin, où le jour est le plus long de l'année, et la nuit la plus courte (à Paris).

Où était rendue la Terre, sur le bord de la table, à l'époque où le jour et la nuit ont duré douze heures chacun, pour les habitants de Paris?

Elle était rendue au point où vous voyez écrit : 20 *mars*, *équinoxe du printemps*.

L'hiver qui avait commencé le 22 décembre, au *solstice d'hiver*, était terminé, et le printemps allait commencer.

La ligne qui, sur la table, va du point 20 mars au Soleil, est perpendiculaire à celle qui va du Soleil au point marqué 22 décembre. Ceux qui possèdent déjà les éléments de la géométrie se rendront facilement compte que la Terre à l'équinoxe est, par rapport au Soleil, dans une position telle que l'obliquité de son axe sur l'écliptique n'influe pas sur la longueur du jour, de sorte que le jour et la nuit sont égaux ce jour-là pour toute la Terre.

La Terre, en continuant son mouvement sur le bord de la table, arrive alors, comme nous l'avons déjà dit plusieurs fois, le 21 juin, au solstice d'été. Le printemps est terminé, et l'été commence. Les jours ont fini de croître (à Paris), et vont commencer à diminuer.

Lorsqu'elle atteint l'autre extrémité de la ligne, qui va de l'équinoxe de printemps au Soleil, où vous voyez écrit : *équinoxe d'automne, 23 septembre,* l'été est terminé, l'automne va commencer.

Ce jour-là, 23 septembre, la nuit et la journée sont encore d'égale durée. Les jours suivants, ce sera la nuit qui sera plus longue que le jour. La Terre, continuant de marcher sur le bord de la table, reviendra de la sorte, au bout d'un an, au solstice d'hiver, *le 22 décembre,* jour le plus court de l'année ; et le mouvement continuera ainsi éternellement.

Vous êtes tous déjà trop forts en version latine, pour qu'il soit besoin de vous faire remarquer que le mot *équinoxe,* qui sert à diviser les deux époques de l'année où la durée du jour égale celle de la nuit, est bien trouvé. Il est composé du mot latin *æquus,* qui veut dire *égal,* et du mot *nox,* qui veut dire *nuit.*

Celui de *solstice,* donné aux deux jours où commencent l'hiver et l'été, n'est pas moins significatif. Il vient aussi de deux mots latins : le premier, *sol,* veut dire *soleil;* le second, *stare,* veut dire *rester fixe.*

C'est qu'en effet, le 22 décembre, par exemple, jour qui sépare les jours décroissants de l'automne des jours croissants de l'hiver, le soleil nous paraît être, à midi, à la même hauteur au-dessus de nos têtes que la veille ou le lendemain. Pendant tout l'été ou l'automne, il nous avait paru, chaque jour à midi, un peu *moins* élevé que la veille à la même heure. Pendant tout l'hiver et le printemps, il nous paraîtra, chaque jour à midi, un peu *plus* élevé que le jour précédent à la même heure, et le 21 juin (*solstice d'été*), il nous semblera de nouveau stationnaire.

Cette apparence vous sera, du reste, expliquée en détail un peu plus loin.

IV

Vous avez probablement remarqué déjà, tout seuls, que d'après les dates désignées dans ce qui précède pour le commencement de chaque saison, l'hiver est plus court que l'automne, et le printemps plus court que l'été.

L'hiver et le printemps réunis sont, par conséquent, moins longs en somme que l'été et l'automne mis au bout l'un de l'autre.

Cela ne serait pas possible, si, comme on pourrait le croire d'après ce qui a été dit plus haut, la ligne qui va d'un solstice à l'autre partageait en deux parties égales l'ellipse qui forme le bord de la table, et que nous avons appelée, comme les savants, l'*écliptique*.

Et en effet, mes chers enfants, *cela n'est plus vrai*. C'était vrai il y a environ six cent trente ans, en l'an 1250, au temps où saint Louis faisait sa première croisade contre les infidèles de la Palestine.

Mais depuis cette époque l'écliptique a tourné tout doucement sur elle-même, dans le sens même du mouvement annuel de la Terre autour du Soleil, et cela n'est plus exact aujourd'hui.

Pour vous faire une idée de ce mouvement de l'écliptique, qui se continue, du reste, et qui a vraisemblablement toujours existé, vous n'avez qu'à supposer que le point de la table où est placé le Soleil reste fixé sur un pivot, et que la table elle-même tourne autour de ce pivot dans le sens de la flèche, près de laquelle vous voyez ces mots : *sens du mouvement de la table.* (V. page 44.)

Le Soleil et les lignes qui vont d'un solstice à l'autre, ou d'un équinoxe à l'autre, ne bougent pas. C'est toujours lorsque la Terre est sur l'une ou l'autre de ces deux directions invariables qu'ont lieu les équinoxes ou les solstices.

Vous devez comprendre alors aisément que ces équinoxes, ou ces solstices, se déplacent tout doucement sur le bord de la table, et que la distance qui sépare ces quatre points varie sans cesse par suite du mouvement de cette table.

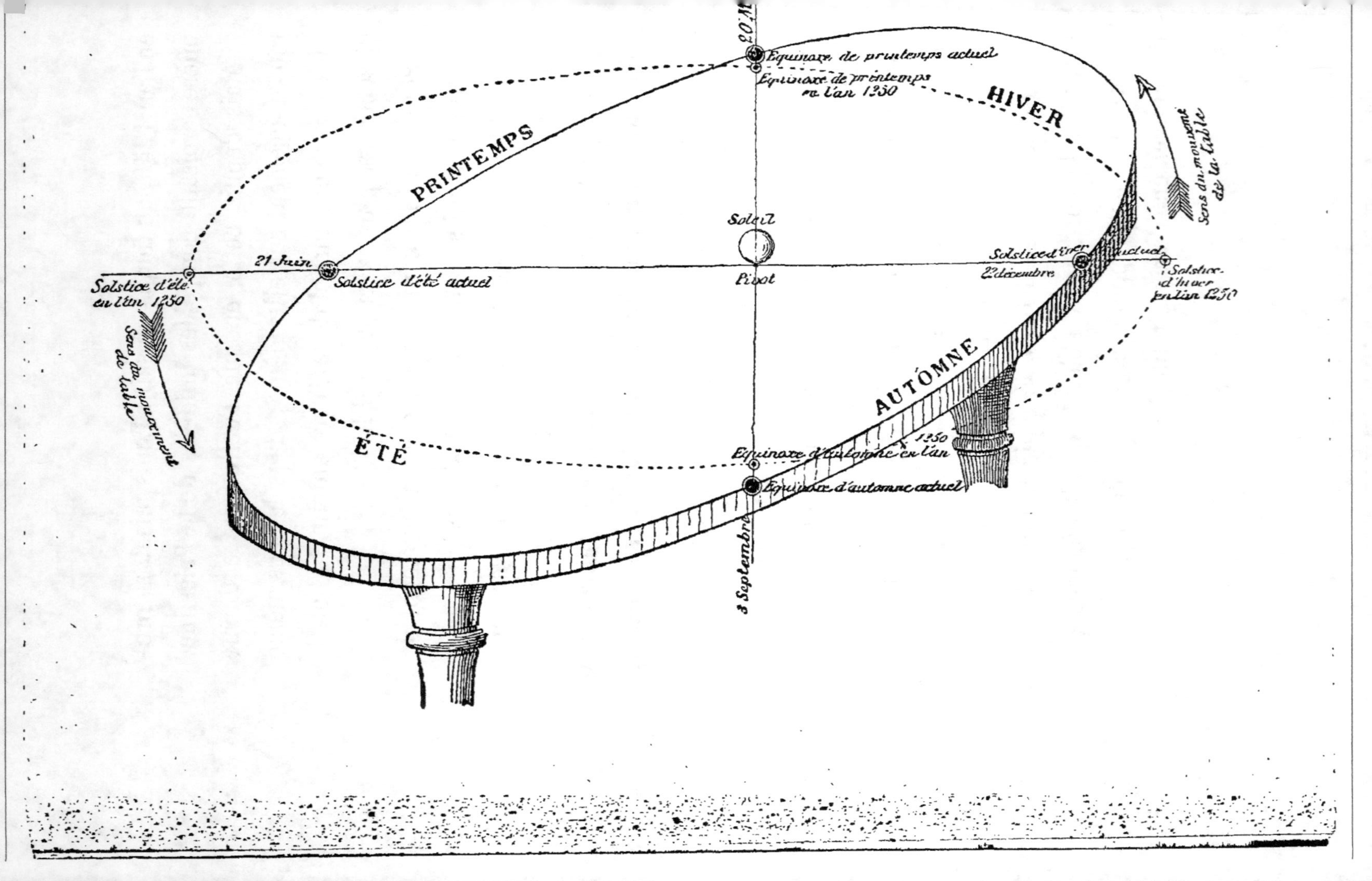

Équinoxe de printemps actuel
Équinoxe de printemps en l'an 1850
HIVER
Sens du mouvement de la table
PRINTEMPS
Soleil
21 Juin
Solstice d'été actuel
Solstice d'été en l'an 1850
Pivot
Solstice d'hiver actuel
21 décembre
Solstice d'hiver en l'an 1850
Sens du mouvement de table
AUTÓMNE
ÉTÉ
Équinoxe d'automne en l'an 1850
Équinoxe d'automne actuel
3 Septembre

Actuellement, en 1877, l'écliptique est à peu près dans la position où se trouve la table qui la représente (page 44), et vous voyez que la partie du bord qui est en avant de la ligne des solstices est plus grande que celle qui est en arrière, ce qui explique pourquoi la durée de l'hiver et du printemps réunis est moindre que celle de l'été et de l'automne.

Ainsi donc, la durée des saisons subit une variation continue par suite du mouvement de l'éclip-

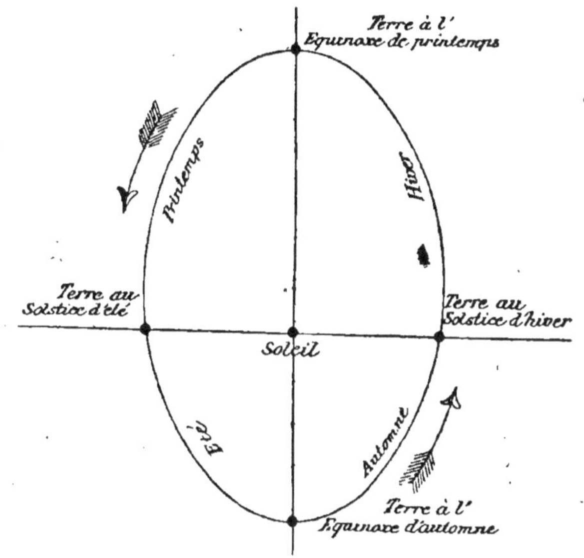

Les saisons 4000 ans
avant J.C.

tique. Connaissant la vitesse de ce mouvement, on peut calculer la valeur de cette variation pour un

3.

temps quelconque. C'est ainsi que les savants sont arrivés à établir que, *quatre mille ans* avant Jésus-Christ, l'équinoxe d'automne était au bout de la table le plus rapproché du Soleil, point que les astronomes appellent le *périhélie,* pour le distinguer de l'autre extrémité de l'ellipse, qui est le point le plus éloigné du Soleil, et qu'ils appellent *aphélie.* L'automne et l'hiver avaient alors, ensemble, une durée égale au printemps et à l'été réunis, tandis qu'aujourd'hui il y a près de dix jours de différence.

Le mouvement qui a produit ce changement persiste, comme nous l'avons dit, et si, comme cela est à peu près certain, il s'effectue dans l'avenir avec la même vitesse que par le passé, il amènera l'écliptique, en l'an 6500 (c'est-à-dire dans 4,625 ans), à la position représentée page 47.

L'équinoxe de printemps sera, cette fois, à l'extrémité de la table la plus rapprochée du Soleil, au *périhélie.*

En l'an 6500 prochain, le printemps aura donc exactement la même durée que l'hiver, et l'été la même durée que l'automne.

Cette variation dans la durée des saisons est une chose aujourd'hui parfaitement établie et calculée, comme nous venons de le dire. Mais il ne faut pas l'attribuer tout entière, comme ce qui précède pourrait le faire croire, au seul mouvement de la table.

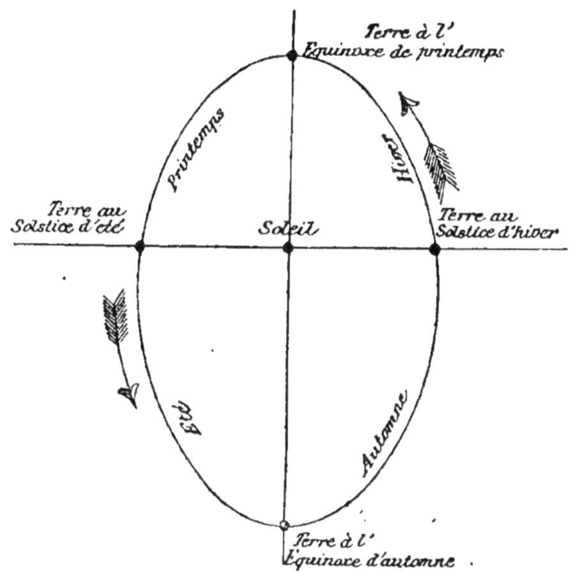

**Les saisons en l'an 6500 prochain
dans 4625 ans**

Ce mouvement de l'écliptique n'en produirait guère que la cinquième partie, s'il était seul à agir dans ce sens.

Le reste est dû à un petit mouvement continu de l'axe même de la Terre, qui, au lieu de rester exactement penché du même côté, comme nous l'avons d'abord supposé, pour plus de simplicité, tourne lui-même autour d'une ligne perpendiculaire à la table.

Vous avez dû remarquer souvent, en vous amusant, que quand une toupie tourne en ronflant, si son axe a une position penchée, on voit cet axe et la toupie tout entière tourner lentement et gracieusement, en conservant la même inclinaison, autour d'une ligne qui viendrait tomber d'aplomb à l'extrémité de la pointe de son fer.

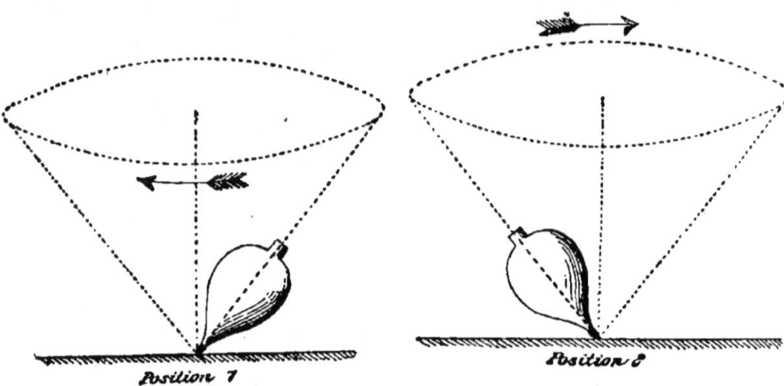

Elle passe ainsi successivement de la position 1 à la position 2, et revient de la position 2 à la position 1 en tournant dans le sens indiqué par les flèches.

L'axe de la Terre est animé d'un pareil mouvement, et le sens de ce mouvement étant inverse de celui du mouvement de la Terre elle-même sur l'écliptique, il en résulte chaque année une petite avance de l'équinoxe. Les savants ont appelé cela la *précession des équinoxes*.

C'est cette petite avance qui, en s'ajoutant à celle qui résulte du mouvement de la table elle-même, produit la totalité des variations dans la durée des saisons.

Mais voilà bien des mouvements s'ajoutant les uns aux autres. Cela commence à devenir un peu compliqué pour vos petites têtes blondes et brunes.

Rassurez-vous, c'est fini, cette fois. Vous savez maintenant tout ce qui se passe dans l'évolution continuelle de la Terre autour du Soleil, sauf un tout petit mouvement d'oscillation de l'axe de la Terre, que les astronomes appellent la *nutation*, et qui n'a d'importance que pour eux.

Si vous voulez, avant d'entamer maintenant le chapitre des choses simples, nous allons résumer rapidement celles qui précèdent, qui sont les choses difficiles. Ce sera un bon moyen de les graver dans votre mémoire.

D'abord, la Terre tourne autour du Soleil en trois cent soixante-cinq jours et un quart de jour à peu près, formant ce que nous appellerons une *année solaire*, dont la durée est toujours absolument la même. Dans ce mouvement *annuel*, la Terre décrit une ellipse dont le Soleil occupe un des *foyers*.

En marchant sur cette ellipse, que les savants désignent sous le nom d'*écliptique*, la Terre tourne en même temps sur elle-même. Ce second mouvement, qui dure vingt-quatre heures, formant ce que nous appellerons un *jour solaire*, est nommé *mouvement diurne*, du mot latin *dies*, qui signifie *jour*.

L'axe autour duquel la Terre exécute son mouvement diurne est incliné sur l'écliptique, et c'est à cette inclinaison, qui est actuellement de 23 degrés et 28 minutes, ce qui s'écrit ordinairement 23° 28′, que sont dues les différences entre les saisons.

Cet axe tourne lui-même, en conservant une inclinaison constante, sur le plan de l'écliptique, comme le fait une toupie sur un parquet. Ce mouvement, qui se fait dans le sens opposé à celui du mouvement annuel, produit ce qu'on appelle la *précession des équinoxes*.

En outre, l'écliptique, au lieu de conserver la

même position par rapport au Soleil, tourne aussi, mais très-lentement, autour du Soleil. Ce mouvement, joint à celui qui produit la précession des équinoxes, amène une variation lente dans la durée de chaque saison.

Enfin, l'axe de la Terre, ou ligne des pôles, au lieu de conserver rigoureusement une inclinaison constante de 23° et 28′, paraît se redresser tout doucement, au dire de quelques savants.

Ce mouvement, s'il persistait indéfiniment, amènerait à la longue la complète uniformité des saisons; mais il est malheureusement à peu près certain qu'avant de s'être relevé d'une quantité assez forte pour produire un effet sensible de ce genre, l'axe de la Terre commencera à se mouvoir en sens inverse, c'est-à-dire à s'incliner de nouveau, pour se relever ensuite et s'incliner encore, oscillations qui dureront aussi longtemps que la Terre elle-même.

V

Il pourrait fort bien arriver que plus d'un de mes petits lecteurs ne fût pas très-disposé à croire sur parole tout ce qui précède. Cette tendance à l'incrédulité n'est pas un défaut, mes chers enfants. On n'est pas obligé d'ajouter une foi aveugle à tout ce qu'on lit dans les livres, car il s'en trouve malheureusement souvent qui contiennent plus de mensonges que de vérités.

Bien que vous puissiez être certains que celui-ci n'est pas un livre de cette espèce, puisque vos parents l'ont choisi pour vous instruire, il faut tâcher de donner satisfaction à ceux d'entre vous qui veulent des preuves avant de croire.

Si vous étiez plus avancés dans vos études, il suffirait, pour vous convaincre, d'emprunter des preuves mathématiques aux savants professeurs qui changeront plus tard vos doutes d'aujourd'hui en une certitude absolue. Mais ce genre de preuves ne trouverait guère sa place dans nos petites conversations. Nous les remplacerons donc par de simples et faciles explications.

La première chose qui ait pu vous paraître avoir besoin d'être prouvée est probablement le mouvement annuel de la Terre autour du Soleil. Eh bien ! donnez-vous la peine de noter, de chez vous, la position du Soleil dans le ciel à une heure déterminée pendant plusieurs jours de suite, ou, mieux encore, si vous en avez la patience, pendant tous les jours d'une année.

Vous verrez que, chaque jour, le Soleil a fait, depuis la veille, un très-sensible mouvement vers le côté où il semble se lever le matin.

Si, par exemple, le 20 mars, vous avez aperçu, à huit heures du matin, le Soleil dans la direction même d'une étoile facile à reconnaître, vous constaterez que le lendemain 21 mars, à la même heure, le même Soleil s'est éloigné de cette étoile dans le sens indiqué ; le surlendemain 22 mars, il s'en est encore éloigné davantage ; le 23 mars, encore plus, et ainsi de suite.

Au bout d'un an seulement, il sera revenu à peu près à sa première position, après avoir paru faire le tour du ciel.

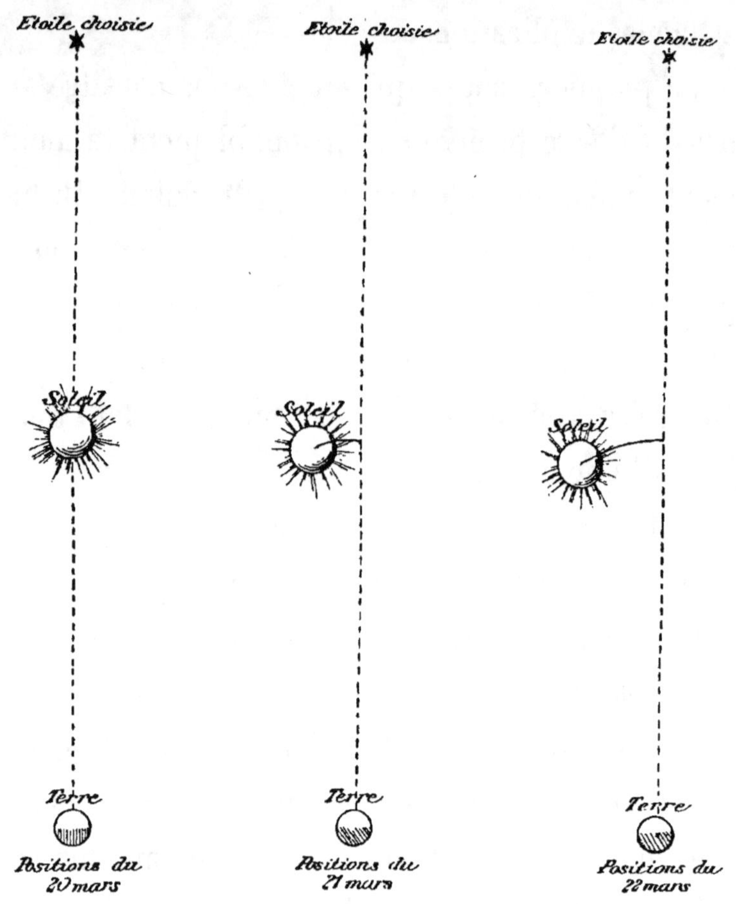

Cette observation n'est pas facile à faire, parce que, une fois le Soleil levé, sa lumière empêche de distinguer les étoiles; mais on comprend qu'en prenant sur la terre des points de comparaison, et en choisissant le moment du lever du Soleil, on puisse l'exécuter.

Le Soleil paraît, de la sorte, traverser successivement douze groupes d'étoiles que les savants désignent collectivement sous le nom de *constellations du zodiaque*, et individuellement par les appellations suivantes :

1, le *Bélier*; — 2, le *Taureau*; — 3, les *Gémeaux*; 4, le *Cancer*; — 5, le *Lion*; — 6, la *Vierge*; — 7, la *Balance*; — 8, le *Scorpion*; — 9, le *Sagittaire*; — 10, le *Capricorne*; — 11, le *Verseau*; — 12, les *Poissons*.

Ces dénominations ne sont pas neuves. Elle nous viennent des anciens, qui, pour en rendre la succession facile à retenir, les avaient groupées dans leur ordre, sous la forme de deux vers latins que vous connaissez peut-être déjà :

Sunt Aries, Taurus, Gemini, Cancer, Leo, Virgo,
Libraque, Scorpius, Arcitenens, Caper, Amphora, Pisces.

Pour définir la route apparente du Soleil dans le ciel, les anciens astronomes avaient trouvé commode de la partager en douze *espaces égaux*, ou *signes*, et avaient donné à chacun de ces signes le nom d'une constellation du zodiaque.

Le premier *signe du zodiaque* eut alors son origine à l'équinoxe de printemps. Comme, à l'époque où cette division fut par eux adoptée, le Soleil pénétrait dans la constellation du Bélier au moment de l'équinoxe, ils appelèrent *signe du Bélier* le *premier douzième* de la route du Soleil dans le ciel.

Le second fut nommé : *signe du Taureau ;* le troisième : *signe des Gémeaux,* et ainsi de suite.

Mais, depuis ce temps, par suite de la précession des équinoxes, les signes ne correspondent plus du tout aux constellations dont ils portent les noms. Il importe donc de ne pas confondre ces deux expressions : *signes du zodiaque* et *constellations zodiacales.*

Ainsi, aujourd'hui, quand le Soleil est dans le signe du Bélier (c'est-à-dire, pendant que le Soleil parcourt dans le ciel le premier douzième de sa course, à partir de l'équinoxe de printemps), il nous apparaît au milieu de la constellation des Poissons, et nullement dans celle du Bélier.

C'est donc à tort que l'on place encore dans les almanachs le nom et l'*allégorie* de la constellation des Poissons, par exemple, en tête du calendrier d'avril, puisque les constellations que le Soleil paraît traverser dans ce mois sont aujourd'hui celles du Bélier et du Taureau.

Cette vieille habitude est des plus fâcheuses, puisqu'elle ne peut donner que des idées fausses et produire que de la confusion. Mais ce n'est pas chose facile en France, mes chers enfants, de se défaire d'une vieille habitude, même quand elle est mauvaise. Gardez-vous donc bien d'en contracter de pareilles, et ne laissez pas s'enraciner plus longtemps celles que vous pouvez avoir déjà.

Mais, direz-vous, ce qui précède prouve simplement que le Soleil et la Terre changent continuellement de position dans le ciel, l'un par rapport à l'autre; et il paraît même en résulter que c'est le Soleil qui tourne autour de la Terre, et non la Terre autour du Soleil.

Et, en effet, par suite d'une illusion naturelle, sur laquelle nous insisterons tout à l'heure, à propos d'un autre fait analogue et plus saisissant, c'est là ce qu'on est tout d'abord tenté de conclure.

Mais il est facile de vous rendre compte, d'après la figure de la page 59, qu'en supposant le Soleil fixe et la Terre tournant autour de lui, le déplacement apparent du Soleil par rapport aux constellations du zodiaque s'explique aussi très-simplement.

Prenons, en effet, la Terre dans la position désignée dans la figure par ces mots : 1re *position.*

Si d'un point de cette Terre ainsi placée on regarde le Soleil, on l'aperçoit dans la direction du Bélier.

Mais quand la Terre, marchant sur l'écliptique dans le sens indiqué par la flèche, va être arrivée à sa deuxième position, on apercevra le Soleil dans la direction du Taureau, de manière qu'en regardant alors le Bélier, le Soleil paraît avoir marché vers la gauche.

Lorsque la Terre, continuant son mouvement, sera arrivée dans sa troisième position, on apercevra le Soleil dans la direction des Gémeaux; c'est-à-dire que le Soleil paraîtra avoir continué son mouvement vers la gauche, par rapport à la ligne qui va de la Terre à la constellation du Bélier.

Ainsi donc, en supposant que la Terre tourne autour du Soleil, le mouvement apparent de ce dernier à travers les constellations du zodiaque s'ex-

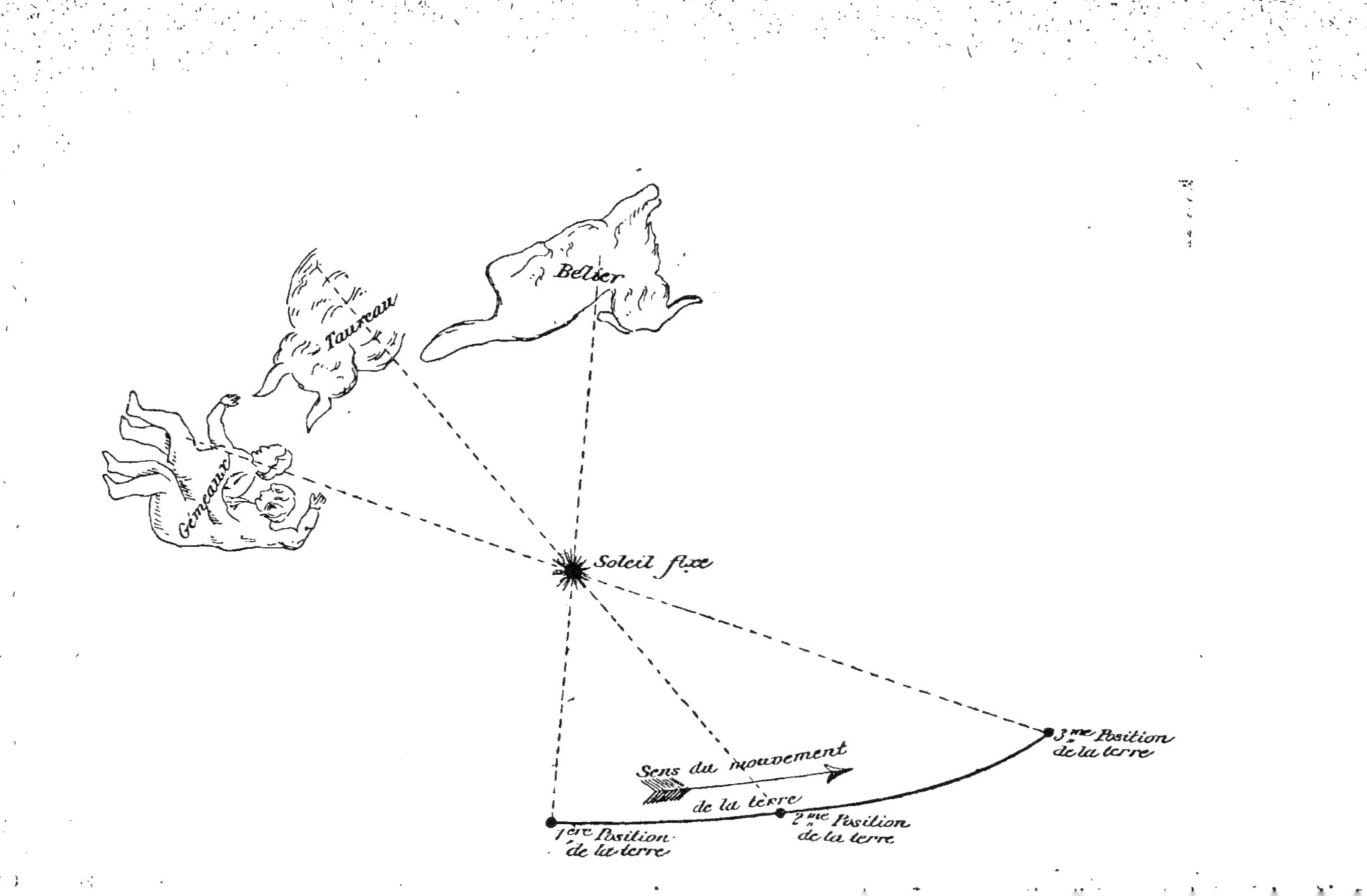

Gémeaux
Taureau
Bélier
Soleil fixe
Sens du mouvement de la terre
1.ere Position de la terre
2.me Position de la terre
3.me Position de la terre

plique tout aussi bien que lorsque l'on admet un mouvement réel du Soleil autour de la Terre immobile.

La question est donc ramenée à celle-ci : « Quel est, en réalité, celui des deux astres (Terre ou Soleil) qui tourne autour de l'autre ? »

Tout concourt à prouver que c'est la Terre.

D'abord, la Terre est un million et demi de fois environ plus petite que le Soleil. Il serait, par suite, bien singulier que ce fût elle qui dirigeât en quelque sorte ce gros astre, en le faisant tourner autour d'elle. Ce serait en outre contraire à tout ce que nous voyons se passer pour les autres astres. Ce sont, en effet, toujours les petits qui tournent autour des gros.

De plus, les planètes, telles que Jupiter, Uranus, Saturne, etc., dont nous pouvons parfaitement suivre la rotation autour du Soleil, ont avec la Terre, sous tous les rapports, des analogies tellement considérables, qu'on est réellement obligé de regarder la Terre comme un astre de la même famille qu'elles, et de la ranger parmi les planètes. On est donc amené à conclure que la Terre doit avoir des mouvements semblables à ceux de ces autres planètes, et que, par conséquent, elle tourne comme elles autour du Soleil.

En admettant ce mouvement, les savants en ont tiré par centaines d'importantes conséquences qui s'accordent exactement avec les faits que nous pouvons observer.

On peut encore faire la remarque que la combinaison d'un mouvement comme celui que nous voulons prouver, avec un mouvement tel que celui que nous appelons mouvement *diurne,* dont on possède aujourd'hui des preuves mathématiques, est partout dans la nature.

On la rencontre à la surface même de la Terre dans les phénomènes les plus simples.

Ainsi, jetez une pierre avec force : elle décrira en l'air une ligne courbe, comme celle qui est figurée à la page 62, et que l'on appelle une *parabole.*

Observez avec soin cette pierre pendant sa route dans l'espace, vous reconnaîtrez très-aisément que la pierre, en s'avançant, tourne en même temps sur elle-même.

C'est l'image de la Terre marchant sur l'écliptique,

et tournant en même temps autour de la ligne des pôles, en vertu du mouvement diurne dont nous allons reparler tout à l'heure.

Enfin, de nombreuses raisons, qui ne peuvent être développées que dans des cours tout à fait scientifiques, viennent s'ajouter à toutes celles qui précèdent, et établissent d'une manière certaine la réalité de ce mouvement.

Nous pouvons donc regarder comme absolument démontré le mouvement de la Terre autour du Soleil. Nous savons, du reste, que ce mouvement met un an à s'accomplir. Nous admettrons que la ligne suivie dans l'espace par la Terre exécutant ce mouvement est une ellipse dont le Soleil occupe un foyer, nous en rapportant pour cela aux assertions des savants, et, comme eux, nous l'appellerons l'*écliptique*, puisque c'est le mot adopté.

VI

Il reste maintenant, pour donner satisfaction complète aux plus incrédules d'entre vous, à prouver que la Terre tourne sur elle-même.

C'est le second mouvement dont il a été déjà question à plusieurs reprises, celui qui s'accomplit en vingt-quatre heures, en produisant l'alternative du jour et de la nuit, et que nous avons désigné sous le nom de *mouvement diurne.*

Vous devez vous rappeler que dans un des chapitres précédents, quand il s'est agi d'expliquer pourquoi la température est essentiellement différents à Paris le 21 juin et le 22 décembre, la position de cette ville a été figurée sur la boule qui représentait la Terre.

Si vous vous reportez à cette figure (page 28), sur laquelle est dessiné le cercle décrit par Paris dans le mouvement *diurne* (que nous admettions alors sans l'avoir prouvé), vous constaterez que pour voir le Soleil un habitant de Paris est obligé de tourner le dos au pôle nord.

Quand nous aurons indiqué, plus tard, la position de la France entière sur la surface de la Terre, vous pourrez constater de même que quel que soit le point de la France où l'on se place, il faut aussi tourner le dos au pôle nord pour apercevoir le Soleil.

Cela posé, si, un beau matin, au moment où il commence à faire jour, vous cherchez le Soleil dans le ciel, vous l'apercevrez *à votre gauche,* dans le lointain et tout près de la Terre qu'il paraît raser.

C'est ce qu'on exprime ordinairement en disant que le Soleil est *à l'horizon.*

Quel que soit le jour où vous ferez cette expérience, le Soleil, au point du jour, vous apparaîtra, du reste, toujours du même côté, du côté gauche pour nous autres Français. Pour ceux qui sont à notre antipode, ce serait l'inverse : ils verraient le Soleil à leur droite, parce que, pour l'apercevoir, ils seraient obligés de tourner le dos au pôle sud.

Ce côté où le Soleil paraît se lever chaque matin

est désigné par les géographes sous le nom de *Levant* ou d'*Orient* (du mot latin *oriens,* qui veut dire : *levant*). — On l'appelle plus communément l'*Est.*

Au moment où le Soleil levant est encore très-peu élevé au-dessus de l'horizon, si vous plantez devant vous une baguette bien droite et bien d'aplomb, dans l'allée de votre jardin par exemple, et que cette baguette soit placée de manière à être éclairée par le Soleil, vous verrez qu'elle projettera sur le sable une ombre très-allongée, dirigée naturellement du côté opposé au levant.

A partir de ce moment, si vous suivez le Soleil dans le ciel, vous le voyez monter tout doucement et se rapprocher en quelque sorte de vous. — On dirait vraiment bien que c'est lui qui marche.

En même temps, la direction de l'ombre de votre baguette change, elle marche vers la droite, et la longueur de cette ombre diminue progressivement.

L'extrémité de cette ombre se promène sur une ligne courbe, qui a la forme indiquée page 66.

La longueur de l'ombre va ainsi en diminuant sans cesse jusqu'à *midi*. A ce moment, elle est

4.

la plus courte de la journée, parce que le Soleil est au plus haut point de sa course. Elle est alors dirigée suivant une ligne qui, prolongée dans les deux sens sur la surface de la terre, irait passer par les deux pôles.

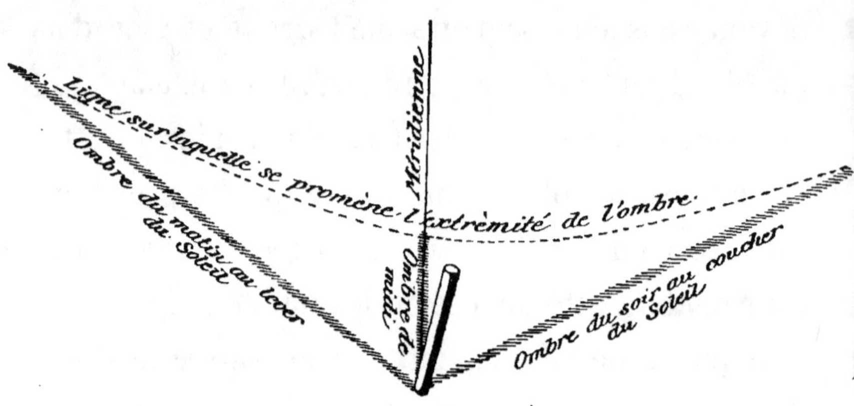

On donne à cette ligne importante le nom de *méridienne*, précisément parce qu'elle correspond au moment où il est midi. C'est elle qui donne la direction du nord au sud.

A partir de midi, le Soleil passe du côté du *Couchant*, ou *Occident* (du mot latin *occidens*, *tombant*), qu'on appelle aussi plus communément l'*Ouest*.

L'ombre de la baguette, au contraire, s'incline du côté de l'Est, et va alors constamment en augmentant jusqu'au moment où le Soleil, arrivant à l'horizon, du côté Ouest, disparaît et la fait disparaître avec lui.

Vous aurez tout de suite pensé que dès qu'on s'est aperçu de ce qui précède, et il y a longtemps de cela, on a eu l'idée de se servir de la chose pour mesurer le temps.

C'est effectivement le principe même du *cadran solaire* qui vient de vous être développé; et la figure ci-contre n'est autre chose que le plus simple des cadrans solaires, qu'on appelle le *gnomon*.

La détermination exacte du point *midi* et de la *méridienne* étant la partie la plus importante du phénomène, on a bien vite trouvé également que cette méridienne partageait en deux parties égales l'angle formé par les directions de deux ombres quelconques de la baguette, ayant la même longueur.

Vous apprendrez exactement plus tard, et vous devinez dès à présent, que ces deux ombres correspondent à deux positions occupées par le Soleil un même laps de temps avant et après midi.

Si le Soleil suivait tous les jours le même chemin dans le ciel, on n'aurait qu'à tracer une bonne fois la courbe représentée page 66, et l'extrémité de l'ombre de la baguette viendrait se promener sur cette courbe le lendemain et les jours suivants indéfiniment.

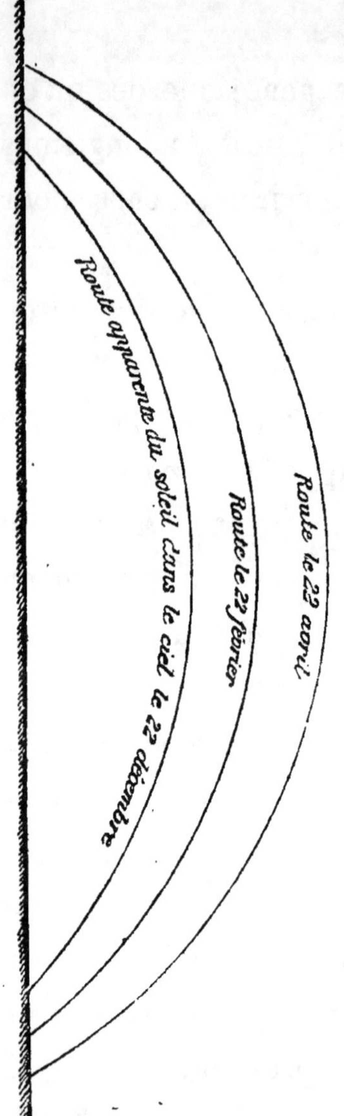

Mais, d'après tout ce qui a été dit dans les chapitres précédents, vous prévoyez déjà, cela est certain, qu'il n'en est pas ainsi.

Effectivement, si, en prenant pour points de repère les objets saillants situés dans le voisinage de votre jardin (arbres, clochers, maisons, etc., etc.), vous examinez la route suivie, en apparence, par le Soleil dans le ciel, le 22 décembre par exemple; si vous recommencez ensuite cette expérience quelques jours après, vous constaterez qu'à mesure que vous vous éloignez de cette première date, la courbe décrite par le Soleil paraît s'élever de plus en plus au-dessus de l'horizon, comme vous le voyez à la figure page 68.

Votre gnomon vous traduira la chose à sa manière, qui est la suivante : le 22 février, la courbe décrite par l'extrémité de l'ombre de la baguette sera plus rapprochée du pied de cette baguette que le 22 décembre, et en même temps cette courbe elle-même sera légèrement redressée.

Le 22 avril, les différences dans le même sens seront plus fortes encore, et elles iront toujours en croissant jusqu'au 21 juin, *solstice d'été*. Ce jour-là, la courbe décrite par le Soleil dans le ciel sera la plus élevée de toute l'année, et la courbe du gnomon, la plus rapprochée de la baguette, et la moins courbée. C'est ce que les savants indiquent en disant que le Soleil est à son *apogée*. Nous avons déjà défini une première fois ce fait, en disant que la Terre est à son *aphélie*. (V. page 46.)

Le 23 juin et les jours suivants, le Soleil s'élèvera de moins en moins haut, et cette diminution se continuera jusqu'au 22 décembre, jour du *solstice d'hiver*, où le Soleil sera, comme disent les savants, à son *périgée*, et la Terre à son *périhélie*.

Mais ne nous occupons, pour le moment, que de ce qui se passe dans un même jour.

Le Soleil nous paraît se lever à l'horizon, à l'Est, monter dans le ciel jusqu'à midi, puis redescendre et disparaître, le soir, du côté de l'Ouest. Son mouvement nous semble tellement évident, qu'il n'y a vraiment rien d'étonnant à ce qu'on ait cru à sa réalité, presque jusqu'à nos jours.

C'est absolument la même impression que vous éprouvez quand vous êtes dans un wagon de chemin de fer marchant avec une grande vitesse, et que vous regardez par une des portières. Il vous semble, non pas que ce soit vous qui marchiez, mais que ce sont les arbres bordant la voie qui sont en mouvement.

Mieux encore : il vous est déjà arrivé probablement de vous trouver en gare dans un train arrêté côte à côte avec un autre train arrêté aussi, mais destiné à marcher en sens inverse du vôtre. Tout à coup, votre train se met en mouvement et fait passer votre wagon successivement devant les diverses voitures de l'autre train encore immobiles. C'est bien vous qui marchez, et cependant c'est l'autre train, parfaitement stationnaire, qui vous paraît se mettre en mouvement. L'illusion est telle, dans ce cas, qu'elle persiste parfois longtemps après que vous êtes sortis de la gare, en dépassant le train immobile.

C'est absolument là ce qui se passe, pour nos yeux, dans le mouvement de la Terre sur elle-même.

Expliquons d'abord l'illusion, nous prouverons ensuite le mouvement lui-même.

Supposez-vous placés bien loin sur la ligne qui va du centre de la Terre à son pôle nord, et occupés à regarder de là le mouvement de la Terre, pour laquelle nous continuerons à admettre la forme d'une boule, sauf à prouver cela plus tard.

Vous la verriez alors comme elle est représentée page 72, le pôle nord en dessus, et cachant le centre de la Terre.

Paris, qui serait sur la partie visible, parce qu'il est entre l'équateur et le pôle nord, serait quelque part sur le cercle en gros trait noir, qui représente la ligne décrite par cette ville, dans le mouvement diurne qu'il s'agit de prouver, et le Soleil serait à gauche de la Terre.

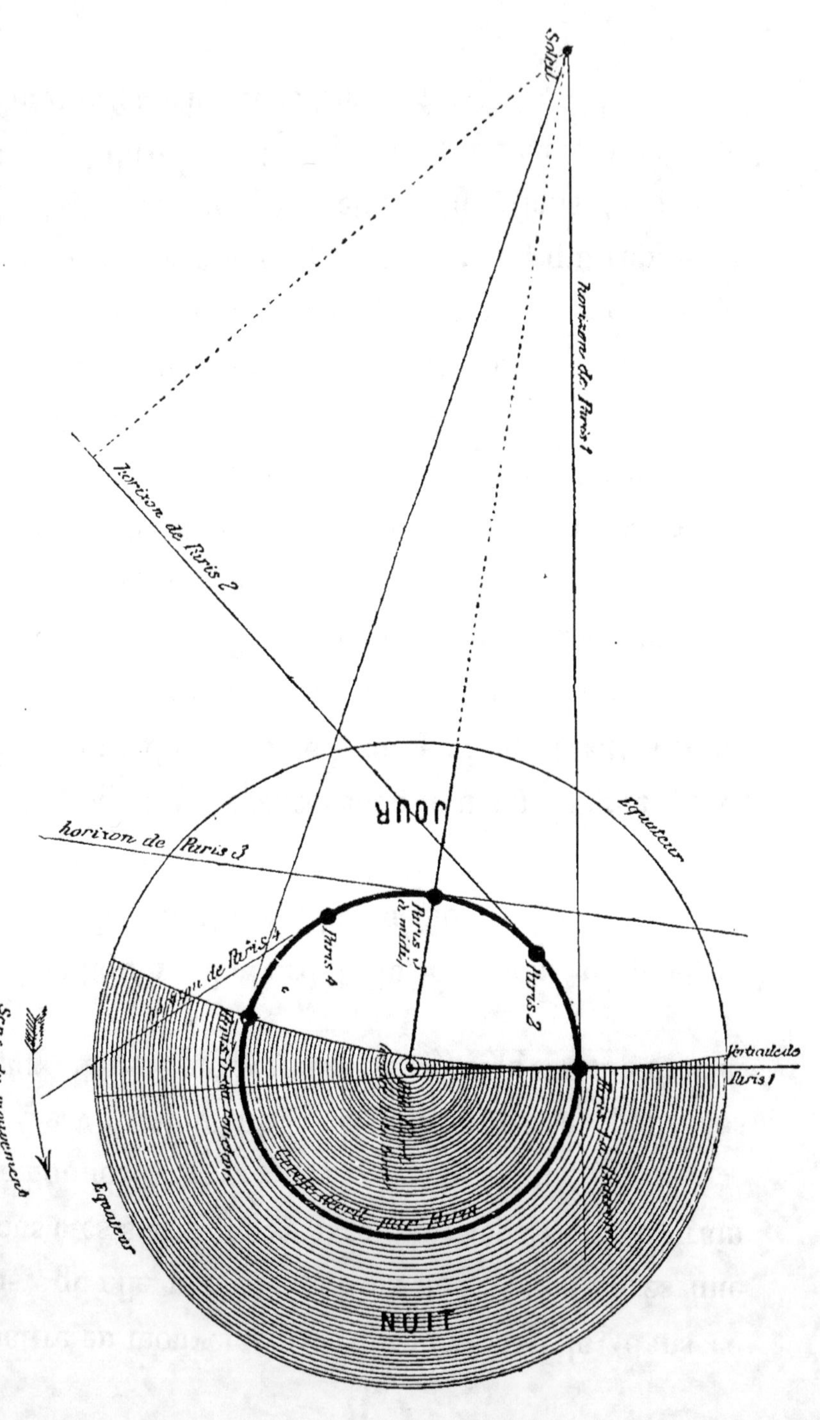

Soleil
horizon de Paris 1
horizon de Paris 2
horizon de Paris 3
horizon de Paris 4
Équateur
JOUR
NUIT
Sens du mouvement
Paris 2
Paris 4
Paris (à midi)
Paris 1
Cercle décrit par Paris

Tant que Paris serait sur la partie du cercle en gros trait noir située dans la zone teintée en gris qui est à droite, on n'y verrait pas le Soleil, c'est-à-dire qu'il ferait nuit à Paris.

Quand cette ville arriverait au point marqué *Paris* 1, l'horizon de Paris passerait par le Soleil. A ce moment, les habitants de Paris, qui tourneraient le dos au pôle nord, apercevraient le Soleil rasant l'horizon à leur gauche, comme cela a lieu en effet pour eux, tous les jours, au moment du lever du Soleil.

Paris continuant de tourner dans le sens de la flèche, le Soleil leur paraîtrait s'élever progressivement dans le ciel, en marchant vers leur droite ; c'est encore ce qui a lieu, comme nous l'avons dit.

Quand Paris serait arrivé au point *Paris* 2, par exemple, le Soleil leur paraîtrait déjà fort élevé au-dessus de l'horizon, tout en étant à leur gauche. Quand il atteindrait la position *Paris* 3, ils verraient le Soleil droit devant eux, et l'ombre d'une baguette bien droite sur le sol serait évidemment dirigée suivant la ligne qui va du pied de la baguette au pôle nord. C'est encore ce qui arrive en réalité.

Une fois dans une position telle que *Paris* 4, le

Soleil aurait déjà baissé pour eux, et serait passé à leur droite; et enfin, dans la position *Paris 5*, ils apercevraient le Soleil tout à fait à leur droite et sur l'horizon, prêt à disparaître. C'est, point pour point, de cette façon que cela se passe tous les jours pour eux.

Vous voyez que la marche apparente du Soleil dans le ciel s'explique parfaitement bien par un mouvement de la Terre autour de la ligne des pôles.

Il ne reste donc qu'à trouver des preuves que c'est bien en réalité la Terre qui tourne ainsi autour de cet axe, et non le Soleil qui tourne autour de la Terre, comme nos yeux semblent d'abord nous l'indiquer.

D'abord, on peut répéter ce que nous avons déjà dit pour le mouvement annuel, qu'il est peu naturel de penser qu'un gros astre comme le Soleil se donne la peine de tourner avec une vitesse prodigieuse autour d'une petite boulette comme la Terre; car, auprès du Soleil, la Terre n'est vraiment qu'une petite boulette.

Mais ce n'est pas tout, dans cet ordre d'idées. Vous allez voir, en effet, que si la Terre ne tournait pas, comme il s'agit ici de vous le prouver, il faudrait admettre que des milliers d'autres astres, dont le plus grand nombre sont eux-mêmes incomparablement plus gros que le Soleil, tournent eux aussi autour de cette Terre qui n'est auprès d'eux qu'un infime grain de poussière.

En effet, si, lorsque le Soleil a disparu sous l'horizon du côté de l'Ouest ou couchant, vous fixez attentivement une de ces innombrables étoiles qui paraissent alors dans le ciel successivement, vous vous assurerez aisément que cette étoile que vous avez choisie, quelle qu'elle soit, paraît se mouvoir comme le Soleil pendant le jour.

Toutes les étoiles semblent décrire des cercles dans le même sens, en gardant les unes par rapport aux autres les mêmes positions. Celles qui sont situées du côté du Nord décrivent des cercles plus petits, sans disparaître au-dessous de l'horizon. Elles paraissent tourner autour d'un axe qui irait percer la voûte céleste, dans les environs de l'une d'elles qui est précieuse à connaître à ce point de vue, et qu'on appelle l'*étoile polaire*, parce qu'elle marque effectivement la direction du *pôle nord*. Elle sert depuis bien longtemps aux navigateurs, aux marins, et elle est facile à reconnaître quand on sait qu'elle est à la queue d'un groupe d'étoiles (ou constellation) qui s'appelle la *Petite Ourse*, et dont les étoiles

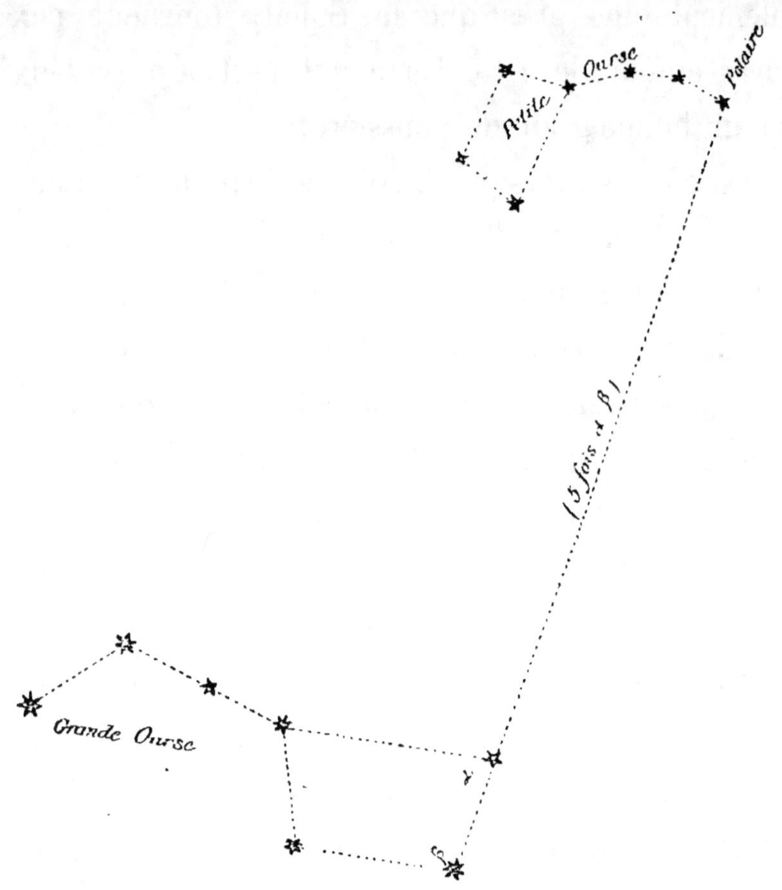

principales sont disposées comme vous le voyez ici.

Son nom de *Petite Ourse* lui vient de son analogie avec une autre constellation plus grande ayant la même forme renversée, que l'on appelle depuis des temps immémoriaux la *Grande Ourse*, et quelquefois le *Chariot de David*.

Quand on a trouvé la Grande Ourse, que l'on est en quelque sorte obligé de remarquer, pour peu que l'on fixe attentivement le ciel étoilé, on n'a qu'à suivre la direction des deux étoiles les plus en avant, marquées ici α et β, et à prendre sur cette direction cinq fois la longueur α β, pour trouver l'étoile polaire.

Mais revenons à notre mouvement. Tout se passe donc comme si le ciel lui-même tournait tout d'une pièce autour d'un axe passant par le pôle voisin de l'étoile polaire, et par la Terre (ligne fictive que l'on désigne souvent par le nom d'*Axe du monde*).

Si donc on n'admettait pas le mouvement de rotation diurne de la Terre, qui explique évidemment le mouvement apparent de la voûte céleste, comme il a expliqué tout à l'heure celui du Soleil, il faudrait en conclure que tous ces astres, appelés étoiles, tournent ensemble autour de la Terre.

Ce n'est assurément pas vraisemblable; et aujourd'hui que les savants peuvent démontrer d'une manière indiscutable que la plupart de ces astres sont incomparablement plus gros que la Terre, on ne peut guère se résoudre à accepter une pareille conclusion.

Ce qui précède devrait donc suffire pour faire admettre comme parfaitement réel le mouvement de la Terre autour de la ligne des pôles.

Mais on ne s'est pas contenté de ce genre de preuves. On a voulu en avoir de matérielles, et on les a trouvées. On a établi par le calcul, comme vous l'apprendrez dans le cours de vos études mathématiques, que si la Terre tourne réellement comme il vient d'être dit, un corps, tombant d'une certaine hauteur, doit dévier de la verticale du côté de l'Est. On a alors tenté l'épreuve, et l'épreuve a été d'accord avec le calcul. Un corps dévie vers l'Est en tombant d'une certaine hauteur.

Plus récemment, un physicien français, M. Foucault, a démontré d'une manière plus saisissante encore ce mouvement diurne : une première fois, à l'aide des oscillations d'un pendule; une seconde, avec un petit instrument de son invention, le *gyroscope*.

Ce sont là des expériences de physique très-simples, du reste, qui ne peuvent avoir place ici,

mais que vos professeurs vous feront voir avant peu,
si vous ne les connaissez déjà.

Il n'y a donc plus moyen de le nier. La Terre
tourne; ce sont nos yeux qui nous trompent quand
ils nous montrent le Soleil et les étoiles en mouvement autour d'elle.

Mais l'illusion, étant forte, a persisté longtemps.
Il y a deux siècles à peine, en effet, que l'on
a reconnu l'existence du mouvement de rotation
diurne de la Terre.

C'est un Italien, nommé *Galileo Galilei* (en français *Galilée*), qui en a le premier affirmé la réalité,
en offrant d'en donner des preuves. Il a failli être
brûlé vif pour avoir osé publier sa découverte; et,
peu de temps avant lui, un de ses compatriotes,
nommé *Jordano Bruno*, avait bel et bien péri sur le
bûcher pour avoir émis des idées analogues sur la
constitution des étoiles et des planètes.

Dans ce temps-là, on n'était pas, comme vous
voyez, très-amateur des choses nouvelles. Le fana-
tisme et les rivalités personnelles s'en mêlant, on
vous faisait vite passer pour hérétique ou sorcier,
et l'on vous rôtissait comme tel tout vivant.

Et ce temps-là n'est pas bien loin, mes chers enfants, car c'est en 1633 qu'eut lieu le procès de Galilée.

Le 22 juin de cette année (1633), devant les cardinaux et évêques italiens, réunis par le pape Urbain VIII pour le juger comme coupable d'hérésie, Galilée, déjà vieux de soixante-dix ans, fut obligé, pour échapper à l'horrible supplice du bûcher, de déclarer et de signer qu'il avait menti en disant que la Terre tournait, et de promettre par serment de ne plus recommencer.

En se relevant, car c'est à genoux que ses juges le forcèrent de faire cet étrange serment, le vieux savant, dit-on, murmura, en frappant la terre du pied, ces mots italiens restés légendaires : « *E pur si muove!* » ce qui veut dire en français : « *Et pourtant elle tourne!* »

Il n'en fallut pas moins attendre près d'un siècle avant de pouvoir émettre librement les idées de Galilée, et publier les preuves de la vérité par lui découverte.

En quoi donc, direz-vous, les écrits de Galilée,

Galilée.

5.

démontrant le mouvement de la Terre autour du Soleil fixe dans l'espace, pouvaient-ils constituer, pour leur auteur, le crime d'hérésie?

D'abord, mes chers enfants, il y a un vieux proverbe qui dit : « Lorsqu'on veut tuer son chien, on affirme qu'il est enragé. » Il est, en effet, probable que parmi ceux qui voulaient faire brûler le vieux Galilée comme hérétique, il y en avait bien quelques-uns qui étaient jaloux de sa science et de sa gloire future.

Mais, que cela soit vrai ou non, toujours est-il que ses juges attaquaient sa découverte comme hérétique, parce que, suivant eux, elle contredisait les livres sacrés.

Servilement attachés à la lettre même du texte de l'Écriture sainte, où il est dit quelque part : « *Terra in æternum stat (la Terre est immuable dans l'éternité)* », ils condamnaient comme impie celui qui prétendait démontrer qu'elle était continuellement en mouvement.

Interprétant de même le passage de la Bible où il est raconté que Josué arrêta le Soleil en lui disant : « *Soleil, arrête-toi* », ils considéraient comme hérétique ce Galilée qui prétendait prouver l'immobilité permanente du Soleil.

Leurs objections avaient - elles une valeur sérieuse? Évidemment non, mes chers enfants; on l'a fort heureusement reconnu depuis, et, dans un des endroits les plus apparents de l'église de Santa-Croce, on a élevé à Galilée un superbe monument en marbre, que les voyageurs de tout pays ne manquent guère d'aller visiter, et qui rappelle à la fois la gloire d'un des plus grands hommes de l'Italie et les persécutions qui abreuvèrent ses derniers jours.

Mais, pour que vous compreniez bien comment les textes des livres sacrés ne contredisent en rien la vérité découverte par ce dernier, il faut mettre sous vos yeux le petit passage suivant extrait d'un livre célèbre dû à la plume de l'illustre François Arago, un des plus grands savants qu'ait produits votre pays:

« Josué, prétendait-on dans ces temps d'igno-
» rance, n'aurait pu commander au Soleil de s'ar-
» rêter si cet astre n'avait pas marché. En raison-
» nant de la même manière, on pourrait affirmer

» que les astronomes d'aujourd'hui ne croient pas
» au mouvement de la Terre, car ils disent généra-
» lement : « *Le Soleil se lève, le Soleil se couche* » ;
» leur langage est d'accord avec les apparences ;
» sans cela, ils ne seraient pas compris. Si Josué
» s'était écrié : « Terre, arrête-toi ! » aucun des sol-
» dats de son armée n'aurait certainement su ce
» qu'il voulait dire. Il faut remarquer que la Bible
» n'est pas un ouvrage de science, et que le langage
» vulgaire a dû y remplacer souvent le langage ma-
» thématique. Ainsi, on voit quelque part un pas-
» sage dans lequel il est question d'un vase circu-
» laire qui a un pied de diamètre et trois pieds de
» circonférence. Or, tout le monde sait qu'un cercle
» d'un pied de diamètre a plus de trois pieds de cir-
» conférence, etc., etc. »

Et François Arago conclut en faisant remarquer, comme il a été dit plus haut, que, fort heureusement, ces vues sur les objections tirées du texte de la Bible sont aujourd'hui admises par les personnes les plus pieuses. Il fait, à ce sujet, la remarque que le R. P. Secchi, de l'ordre des Jésuites, pu-bliait lui-même, à Rome, en 1851, un Mémoire

dont il cite l'extrait suivant : « Le mouvement de
» rotation de la Terre autour de son axe est une
» vérité qui n'a pas besoin d'être démontrée ; elle
» est, en effet, une conséquence de toute la science
» astronomique. »

Nous avons donc pu expliquer et prouver ici, à
notre manière, ce mouvement de rotation diurne
sans porter atteinte aux principes de la religion dans
laquelle vous êtes élevés, mes chers enfants, et j'es-
père que ce qui précède suffira pour rassurer complétement, sur ce point, ceux qui auraient pu croire
leur foi menacée.

VII

Nous avons dit qu'il était *midi,* en un point de la Terre (à Paris, par exemple), au moment où l'ombre d'une baguette bien droite et plantée bien d'aplomb sur le sol était la plus courte. Nous avons, en outre, fait la remarque qu'à cet instant la direction de l'ombre de la baguette donnait la *méridienne* du point, c'est-à-dire une ligne qui, prolongée des deux côtés sur la surface de la Terre, irait passer au pôle nord et au pôle sud.

Il doit vous paraître bien évident qu'en ce moment le Soleil, la baguette, l'ombre de la baguette et les deux pôles sont parfaitement alignés. C'est ce qu'on exprime, en géométrie, en disant qu'ils sont dans le même plan.

Les savants ont donné à ce plan le nom de *plan méridien,* et disent plus souvent *méridien,* tout simplement. Ce n'est pas pour le plaisir d'inventer que les savants forgent des mots nouveaux. En effet, une fois que l'on sait ce que signifie le mot méridien, on peut dire tout de suite : « Il est midi en un point de la Terre quand le méridien de ce point passe par le centre du Soleil. »

C'est, comme vous voyez, très-court, très-précis et, par conséquent, très-commode.

Mais, d'après cela, il n'est donc pas midi en même temps sur toute la Terre. Certainement non; du reste, il y a longtemps que vous le savez déjà. Nous n'en parlons ici que pour bien vous expliquer pourquoi Philéas Fogg avait gagné son pari; car j'imagine qu'il y en a parmi vous qui sont allés voir jouer le *Tour du monde* à la Porte Saint-Martin, et que le dénoûment les a un peu intrigués. Je ne parle pas de ceux qui ont lu le roman même de leur bon ami M. Jules Verne; ceux-là y auront trouvé l'explication complète. Mais comme il se peut que l'intérêt du roman la leur ait fait négliger, ou qu'ils l'aient oubliée déjà, ils seront peut-être contents de la retrouver ici avec détail.

Eh bien! regardez un peu sur la boule que voici et qui représente la Terre en petit.

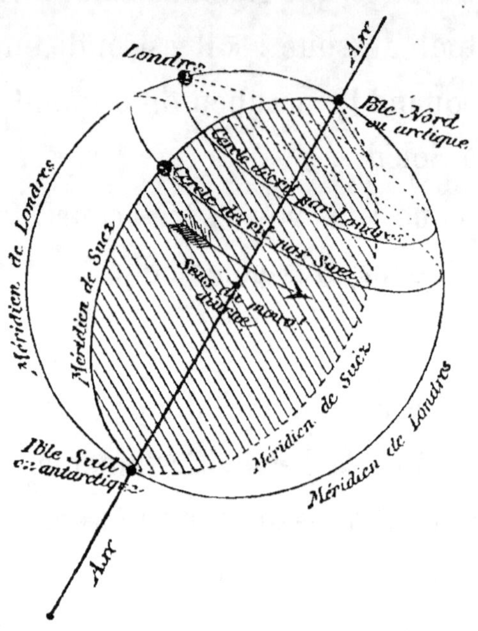

Le cercle qui passe par les deux pôles et par *Londres*, c'est le méridien de Londres. De même, en avant, le méridien de Suez est représenté par le cercle qui passe par Suez et par les deux pôles.

Admettez qu'il soit alors *midi* à Londres. Cela voudra dire que le Soleil est dans le plan méridien de Londres, c'est-à-dire, ici, dans le plan de la feuille qui contient la figure.

Il était, de même, midi à Suez quand le méridien de Suez, teinté ici en noir, était dans la position occupée par le méridien de Londres. Mais, depuis ce temps, ce méridien de Suez a tourné, dans le sens de la flèche, d'environ un douzième de tour complet. Or, le tour complet s'effectue en vingt-quatre heures ; pour un douzième de tour, il faut donc compter deux heures.

Il est donc environ deux heures après midi à Suez lorsqu'il est midi à Londres. D'où il résulte que le jour suivant, quand il sera midi à Suez, il ne sera encore que dix heures du matin à Londres.

En sorte que quand Philéas Fogg, en entendant sonner midi à Suez, le surlendemain de son départ de Londres, croyait qu'il y avait déjà quarante-huit heures d'écoulées depuis le midi du jour de son départ de Londres, il était dans l'erreur. Il n'y avait encore que quarante-six heures d'écoulées depuis ce moment-là.

En s'avançant de nouveau sur la surface de la Terre d'un douzième de tour, l'erreur par lui commise s'augmentait de deux nouvelles heures ; et, en faisant le tour complet, cette erreur devenait égale à douze fois deux heures, ou vingt-quatre heures.

Par conséquent, son tour complet effectué, il s'était écoulé, depuis le moment de son départ, vingt-quatre heures de moins qu'il ne croyait d'abord, en s'en rapportant aux heures des pays par lesquels il avait passé.

C'est là ce qu'il aurait pu constater en s'en rapportant à l'excellente montre de son valet de chambre, qui n'avait marqué que soixante-dix-neuf fois minuit et soixante-dix-neuf fois midi depuis le départ de Londres.

Il n'y a pas besoin, du reste, de faire le tour du monde pour avoir occasion de constater la réalité de ce qui précède.

Il est bien arrivé à quelques-uns d'entre vous de faire un voyage en Suisse ou en Allemagne. Quand on arrive à la frontière, on se trouve tout à coup perdu dans les heures.

Si vous demandez : « A quelle heure part le train pour tel endroit ? » on vous répond : « A huit heures », par exemple, et l'on ajoute : « *Heure française* ou *heure allemande ?* »

Pourquoi cela ?

Parce que, tant qu'on est sur une ligne française,

l'heure du chemin de fer est celle de Paris, qu'on appelle heure française. Mais, dès que l'on entre sur une ligne étrangère, allemande par exemple, l'heure est celle de la grande ville allemande la plus voisine.

Cette dernière heure, d'après ce que nous avons dit plus haut, est en avance sur Paris; de sorte que quand on vous dit, par exemple : « Tel train part à huit heures (heure allemande) », il faut consulter l'indicateur du chemin de fer pour voir à quelle heure de Paris cela correspond; car si vous n'arrivez qu'à huit heures de Paris, vous manquez le train inévitablement.

Mais laissons de côté Philéas Fogg, le tour du monde et l'heure allemande.

Nous avons dit qu'on appelait *jour* le temps que met la Terre à exécuter un tour complet autour de la ligne droite qui passe par les deux pôles et par son centre.

La première idée qui se présente habituellement à l'esprit, lorsqu'on veut fixer exactement la durée du jour ainsi défini, est de le faire commencer au moment où le Soleil passe au méridien du lieu où l'on se trouve, et de le faire finir à l'instant où il y repasse le lendemain.

C'est en effet là ce que les astronomes appellent le *jour solaire*, pour le distinguer de deux autres jours qu'ils appellent le *jour sidéral* et le *jour moyen*.

Le jour sidéral est le temps qui s'écoule entre deux passages consécutifs d'une même étoile au méridien. Il semble, au premier abord, que pour un même point de la surface de la Terre, la durée du jour sidéral doive être exactement la même que celle du jour solaire. Il n'en est cependant rien, car trois cent soixante-six jours sidéraux ne durent en somme que le même temps que trois cent soixante-cinq jours solaires. Cela est assez facile à expliquer ; mais comme c'est pour nous d'une faible importance, nous ne nous en occuperons pas, et nous parlerons tout de suite de la troisième espèce de jours qu'on appelle les *jours moyens*.

On n'a pas été longtemps sans s'apercevoir que les jours solaires, c'est-à-dire les intervalles qui s'écoulent entre deux passages consécutifs du centre du Soleil au méridien du même lieu, n'étaient pas égaux.

La cause principale de cette inégalité est assez simple. Un savant célèbre, nommé *Kepler*, a découvert et démontré que la Terre, en tournant autour du Soleil, ne marche pas sur l'écliptique avec une vitesse régulière (*uniforme*, comme on dit en langage scientifique).

Il a établi que si la Terre met un certain temps pour aller de la position 1, figurée page 94, à la position 2, et le même temps exactement pour aller de la position 3 à la position 4, ce ne sont pas les arcs d'écliptique qui séparent deux à deux ces positions, qui sont égaux, mais bien les surfaces des deux parties que vous voyez teintées en noir par des hachures.

Or, imaginez-vous que l'écliptique figurée page 94 soit un gâteau, un bon gâteau à votre goût, et que l'on coupe d'abord le morceau au milieu duquel vous voyez un grand A. Si le morceau au milieu duquel vous voyez un grand B était coupé de manière que son bord eût la même longueur que celui du morceau A, pas un de vous ne s'y tromperait, bien certainement. Vous reconnaîtriez tout de suite, si l'on vous donnait à choisir, que le morceau B serait plus gros que le morceau A.

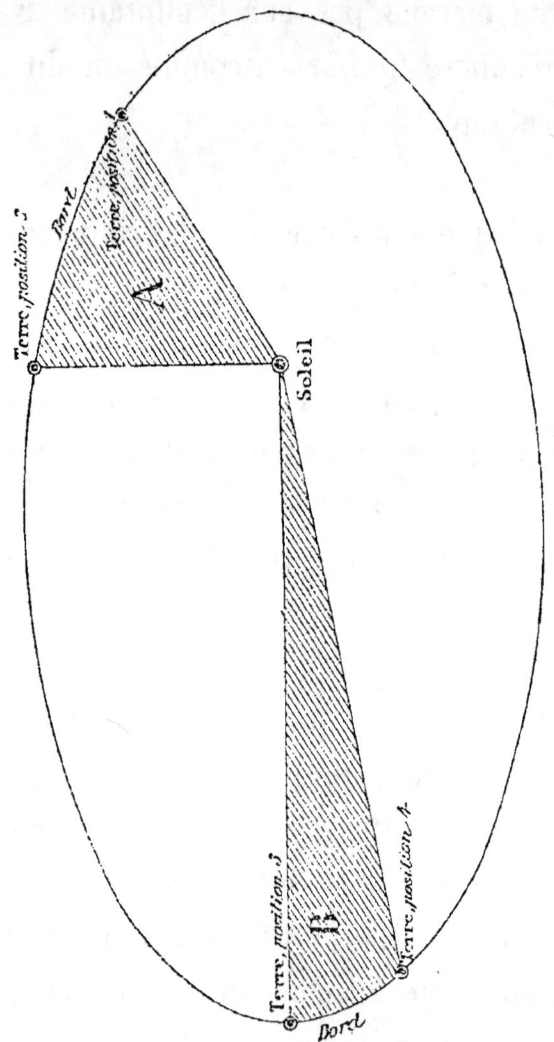

Pour que les deux morceaux soient égaux, il faut

évidemment, comme cela a lieu ici, que le bord du morceau B soit plus petit que celui du morceau A.

D'après cela, en allant de la position 3 à la posiion 4, la Terre a fait moins de chemin que pour aller de la position 1 à la position 2. Elle a donc dû marcher plus lentement dans le premier cas que dans le second, puisqu'elle a mis le même temps à faire les deux chemins.

Ainsi donc, la Terre ne marche pas sur l'écliptique avec une vitesse uniforme. L'obliquité de son axe sur l'écliptique s'ajoute à cette première cause pour produire l'inégalité des jours solaires. Cela serait facile à faire comprendre ; mais comme nous serions entraînés un peu trop loin, nous nous borerons à l'indiquer.

Les jours solaires ont donc une durée variable. Il devenait alors impossible de prendre cette durée pour mesurer exactement le temps. On a eu alors l'idée de prendre à la place la valeur moyenne du jour solaire, dans une année, et l'on a eu ainsi ce que l'on appelle le *jour moyen*.

C'est un jour qui a une durée telle, que dans le temps qui s'écoule entre deux retours consécutifs de l'équinoxe de printemps, il y a autant de jours moyens et de fractions de jour moyen que de jours solaires et de fractions de jour solaire. Seulement, les jours moyens sont tous égaux entre eux, et point les jours solaires.

Il en résulte nécessairement que les midis des jours moyens ne coïncident pas avec les midis des jours solaires. Cela n'arrive que quatre fois dans l'année : le 15 *avril*, le 15 *juin*, le 31 *août* et le 23 *décembre*.

Pour les autres jours de l'année, quand on veut savoir quelle est l'heure du temps moyen qui coïncide avec le *midi vrai* (c'est-à-dire avec le midi indiqué par le cadran solaire dont il a été question plus haut), il faut consulter un petit livre qui s'appelle la *Connaissance des temps*. Ce sont les savants de l'Observatoire qui le font paraître tous les ans. Vous voyez déjà qu'ils ne sont pas tout à fait inutiles. Plus tard, vous apprendrez qu'ils servent à faire connaître bien d'autres choses plus importantes et plus difficiles que celle-là.

Les jours moyens étant tous égaux entre eux, on a alors pu construire des horloges et des montres, qui, marchant bien régulièrement, en indiquent les divisions. Comme vous le savez, on a divisé, en effet, chaque jour en vingt-quatre parties égales, dont chacune s'appelle une heure; puis chaque heure en soixante minutes, et chaque minute en soixante secondes.

Les cadrans des horloges et des montres ordinaires ne sont toutefois divisés qu'en douze parties principales. Mais cela ne les empêche pas de marquer très-bien chacune des vingt-quatre heures de la journée, parce qu'à partir de midi, on compte une heure, deux heures, trois heures, etc., jusqu'à minuit; et qu'à partir de minuit on compte de même une heure, deux heures, trois heures, etc., du matin jusqu'à midi.

C'est ici le moment de vous faire remarquer que dans la vie, le jour ordinaire, qu'on appelle le *jour civil*, commence à minuit, et non pas à midi comme le jour solaire des astronomes. — De minuit à midi, on dit : « une heure du matin, deux heures du matin, etc. », et de midi à minuit : « une heure du soir, deux heures du soir, etc. » Avec une bonne montre, on peut donc indiquer exactement le moment de la journée auquel s'accomplit un acte important, et, si besoin est, la durée de cet acte.

6

VIII

Mais quand on veut exprimer une durée un peu grande, si l'on n'avait d'autres unités que le jour, l'heure, la minute et la seconde, on serait parfois fort embarrassé.

Ainsi, cela ne serait pas bien commode, si, quand vous demandez l'âge de quelqu'un de vos amis, on vous répondait : *Paul* a huit mille cinq cent quarante jours..., *Maurice* a douze mille jours..., etc.

On a donc, dès l'origine des sociétés humaines, inventé une unité plus grande, qui s'appelle l'année.

Il y a aussi pour les savants plusieurs sortes d'années, comme il y avait tout à l'heure plusieurs sortes de jours. Mais pour nous il n'y en a que deux qui aient de l'intérêt : l'*année tropique* et l'*année civile*.

Comme on ne peut pas définir la seconde sans

savoir exactement ce qu'est la première, nous parlerons d'abord de l'*année tropique*.

On appelle *année tropique* l'intervalle de temps qui s'écoule entre deux équinoxes de printemps successifs. Elle se compose, en jours solaires moyens, de trois cent soixante-cinq jours cinq heures quarante-huit minutes cinquante et une secondes et quelques dixièmes de seconde.

Ah! par exemple, voilà quelque chose qui pourra bien vous étonner.

Comment! l'année ne se compose pas d'un nombre exact de jours?

Non, mes chers enfants : pas l'*année tropique*, du moins; et ces quelques heures en plus ont été l'objet de bien des embarras dans le passé.

Évidemment, pour fixer commodément les dates, on a dû de bonne heure chercher une unité, une année qui se composât d'un nombre exact de jours. — On a imaginé ce que nous appelons justement l'*année civile*, dont les divisions sont données par des tableaux qui portent le nom de *calendriers*.

Mais vous allez voir qu'avant de trouver un bon calendrier, il a fallu en essayer un certain nombre.

Les Romains, qui parlaient latin, comme vous savez, donnaient au premier jour de chacun de leurs mois le nom de *calendes*. C'est à peu près certainement de là que vient le mot *calendrier*. On a quelquefois essayé de faire remonter l'origine de ce mot jusqu'aux Grecs, dont la civilisation précéda celle des Romains. Mais les Grecs n'avaient pas de calendes ; c'est même de là que vient cette locution française : « Renvoyer quelque chose aux calendes grecques », pour dire qu'on ne veut plus s'en occuper.

C'est donc chez les Romains qu'il faut chercher l'origine du calendrier.

Leur premier roi, Romulus, avait institué une période de dix mois, dont le premier s'appelait *Mars* ; c'était le nom du dieu de la guerre, dont ce roi Romulus prétendait descendre.

Le deuxième mois s'appelait *Aprilis* (aujourd'hui avril) ; on ne sait pas au juste pourquoi. Le troisième mois s'appelait *Maïa* (aujourd'hui mai), du nom de la mère de Mercure (Maïa), à laquelle il était consacré. Le quatrième, consacré à Junon, s'appela d'abord *Junonius*, puis *Junius*, d'où le nom actuel du mois de juin. Les six autres portaient les noms suivants : *Quintilis*, *Sextilis*, *September* (aujourd'hui septembre), *October*, *November*, *Décember* (aujourd'hui octobre, novembre, décembre).

La somme de ces dix mois formait trois cent quatre jours. On s'aperçut bientôt que ce n'était pas assez pour une année, et l'un des rois successeurs de Romulus, Numa, disent les uns, Tarquin, disent les autres, ajouta deux mois à ceux de Romulus.

Il appela le premier de ces deux mois additionnels : *Januarius* (aujourd'hui janvier), en l'honneur de Janus auquel il fut consacré. Le second prit le nom de *Februarius* (aujourd'hui février), du nom de certaines fêtes dites *februalia*, dans lesquelles on se purifiait des fautes commises dans l'année.

L'année romaine ainsi modifiée par Numa eut alors trois cent cinquante-cinq jours, répartis entre douze mois de vingt-huit, vingt-neuf, ou trente et un jours.

Chacun de ces mois était partagé en trois sections inégales, séparées par des jours qui portaient les noms de *calendes* (1er du mois), *nones* (le 5 ou le 7 du mois) et *ides* (le 13 ou le 15).

Pour désigner un jour ordinaire, on disait : C'est le deuxième, le troisième, le quatrième avant les ides, ou avant les nones, ou avant les calendes du mois suivant.

Ce n'était pas, comme vous voyez, très-commode ni très-bien trouvé ; mais enfin, c'était comme cela.

On ne fut pas longtemps, du reste, sans s'apercevoir que cette année de trois cent cinquante-cinq jours était encore trop courte. Pour éviter les inconvénients qui provenaient de ce que la périodicité des saisons n'était pas en rapport avec la durée de l'année civile, les Romains eurent recours à un mois intercalaire qui fut d'abord de vingt-deux jours.

Tous les deux ans, entre le vingt-troisième et le vingt-quatrième jour de février, on intercalait ce mois, qui s'appelait : *Mercedonius*.

Cela dura ainsi fort longtemps, avec cette petite différence que le *quintilis* ou cinquième mois fut plus tard appelé *Julius* (aujourd'hui juillet), en l'honneur de Jules César, et que plus tard encore le *sextilis* ou sixième mois fut nommé *Augustus* (aujourd'hui août), en l'honneur d'Auguste.

Comme le mois intercalaire *mercedonius* aurait fini par donner une année trop longue, si on l'avait toujours laissé de vingt-deux jours, les prêtres étaient chargés d'en fixer la durée.

Ils ne s'acquittaient pas, il paraît, fort habilement de cette mission, car au temps de Jules César le calendrier romain était dans le désordre le plus complet.

Pour y remédier, César fit venir d'Alexandrie (en Égypte) un astronome alors célèbre, nommé Sosigène.

A la suite des travaux entrepris par ce dernier, il fut décidé qu'à l'avenir l'année civile serait de trois cent soixante-cinq jours pendant trois ans sur quatre, et de trois cent soixante-six jours la quatrième.

Les mois eurent des durées fixées comme il suit :

Janvier,	31 jours	Juillet,	31 jours.
Février,	28 —	Août,	31 —
Mars,	31 —	Septembre,	31 —

Avril,   30 jours.   Octobre,   30 jours.
Mai,   31 —   Novembre,   30 —
Juin,   30 —   Décembre,   31 —

Dans la quatrième année, celle de trois cent soixante-six jours, le mois de février eut vingt-neuf jours au lieu de vingt-huit, et ce jour intercalaire fut appelé *bis sexto calendas*, parce qu'on le plaça entre le 23 février et le 24 qui portait le nom de *sexto calendas*.

C'est de là qu'est venu le nom d'année *bissextile*, par lequel on désigne encore aujourd'hui les années de trois cent soixante-six jours.

C'était là une grande et importante réforme, dont les résultats sont encore aujourd'hui les bases de notre calendrier, puisque nos mois, nos années ordinaires et nos années *bissextiles* ont précisément les durées qui viennent d'être indiquées.

Elle a pris le nom de son auteur, et on l'appelle la *réforme julienne*. Elle fut exécutée en l'an 44 avant Jésus-Christ. Jules César fixa le commencement de cette année de manière que les saisons y fussent à leur place. Il en résulta que l'année précédente fut écourtée, et n'eut plus que trois cent quarante-cinq ours. Cette année écourtée, la quarante-cinquième vant Jésus-Christ, est connue dans l'histoire sous le om d'*année de confusion*.

Le calendrier de Jules César (*calendrier julien*) it exactement suivi pendant plus de seize cents ans. lais on finit par s'apercevoir que les saisons se dé- laçaient encore. C'est qu'en effet l'année telle u'elle résulte de la réforme de César est encore lus grande que l'année tropique de quatorze mi- utes et huit secondes.

En l'an 1582, le pape Grégoire XIII décida 'abord, pour ramener les choses à leur place, que lendemain du 4 octobre 1582 se nommerait non as le 5 octobre, mais le 15 octobre. Ceci corrigeait avance de dix jours qui s'était produite dans année julienne depuis son adoption.

Pour éviter le retour d'une pareille avance, le ême pape décida, en outre, qu'il n'y aurait plus ir quatre cents ans que quatre-vingt-dix-sept nées *bissextiles*, au lieu de cent que comportait système de Jules César.

Pour exécuter cette dernière réduction, on

remarqua que les années *bissextiles* étant précisément celles qui, à partir de l'ère chrétienne, avaient des numéros divisibles par quatre, toutes les années séculaires, comme 1400, 1500, 1600, 1700, etc., étaient *bissextiles,* d'après César.

Grégoire XIII décida alors que celles de ces années séculaires dont le nombre de centaines serait divisible par quatre resteraient seules *bissextiles ;* les autres deviendraient des années ordinaires. Cela en supprimait précisément trois en quatre cents ans.

Ainsi, 1600 était *bissextile,* mais pas 1700, 1800, ni 1900. De même, 2000 sera *bissextile,* mais pas 2100, 2200 ni 2300, et ainsi de suite.

Cette dernière réforme, qui porte le nom de *réforme grégorienne,* ne donne pas encore un calendrier absolument parfait, car l'année grégorienne qui en résulte est encore un peu plus grande que l'année tropique. Mais on a fait le calcul qu'il faudra plus de quatre mille ans pour que cette différence produise une avance d'un seul jour.

Le calendrier grégorien peut donc suffire pour longtemps. Ce calendrier est en usage chez tous les peuples chrétiens de l'Europe, excepté en Russie. Les Russes suivent encore le calendrier julien, et,

ar suite, leurs dates ne s'accordent pas avec les
ôtres. Ainsi, le 1er janvier en Russie est actuellement notre 12 janvier. Quand on cite les dates du
alendrier russe, on a l'habitude, pour éviter les
malentendus, de les faire suivre de ces mots : *vieux
tyle*. Ainsi, le 18 avril (vieux style), cela veut dire
e 18 plus 12, ou 30 avril français. Si l'on écrit le
9 avril (vieux style), cela veut dire le 31 avril ou
er mai, puisque avril n'a que 30 jours.

Mais, par exemple, voilà quelque chose qui est
ien fait pour vous embarrasser. Comment recon-
aître si un mois a trente jours ou trente et un jours?

On se rappelle aisément que février n'a que vingt-
uit jours dans les années ordinaires, et vingt-neuf
ans les années *bissextiles*, parce que février est seul
e son espèce. Mais les autres mois, dont les uns ont
rente et un jours et les autres trente, comment les
istinguer?

Voici pour cela un moyen bien facile avec lequel
n'y a pas moyen de se tromper.

Fermez votre petite main gauche, comme celle
ue vous voyez ci-dessous, sur la partie gauche de

la figure. Placez ensuite successivement un doigt de votre main droite d'abord sur l'os saillant du premier doigt de la main gauche en disant : *janvier;* puis dans le trou entre l'os du premier doigt et celui du deuxième en disant : *février;* puis sur l'os du deuxième doigt en disant : *mars;* puis dans le deuxième trou en disant : *avril;* etc., etc., jusqu'à ce que vous soyez à l'os du petit doigt, qui s'appellera alors *juillet.*

Revenez alors sur l'os du premier doigt en disant :

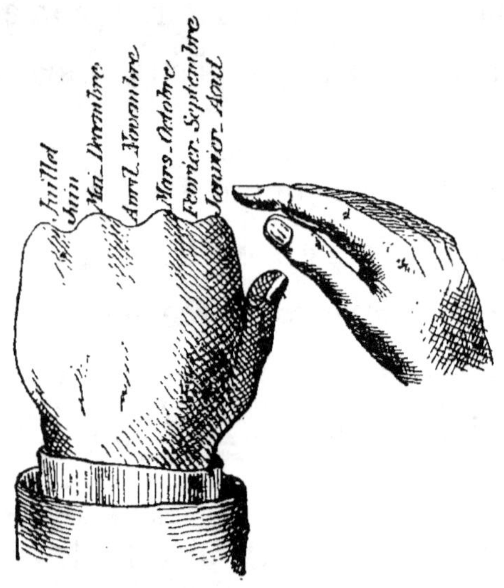

août; puis dans le premier trou en disant : *septembre;* et ainsi de suite en continuant à nommer les mois dans leur ordre.

Chacun des mois, appelés ainsi tour à tour, aura trente et un jours si, en le nommant, vous avez posé le doigt de la main droite sur une saillie, sur un os. Il n'aura, au contraire, que trente jours si, en le nommant, vous aviez le doigt dans un intervalle entre deux os, dans ce que j'ai appelé un trou.

Mais il est impossible d'en finir ainsi avec le calendrier sans vous parler de celle de ses divisions qui vous intéresse le plus.

Il y a en effet quelque part une série de jours qui commence ou se termine un certain jour qu'on appelle *dimanche*. Auprès de ce dernier qui passe comme une ombre, les autres sont quelquefois interminables. Il pourrait bien arriver que vous ne vous laissiez pas facilement convaincre qu'il ait exactement la même longueur que les autres, ce qui est pourtant la pure vérité.

Cette série de jours qu'on appelle la *semaine* est de la plus haute antiquité. Son origine se perd dans la nuit des temps, ainsi que celle des noms des jours qui la composent.

Ces noms sont ceux des sept astres que les anciens appelaient *les sept planètes*. Les Égyptiens avaient, il paraît, l'habitude de consacrer chacune des heures de la journée à une de ces planètes, qu'ils rangeaient dans l'ordre suivant :

1 Saturne, — 2 Jupiter, — 3 Mars, — 4 Soleil, — 5 Vénus, — 6 Mercure, — 7 Lune.

Partons du samedi, qui était appelé *jour de Saturne*, parce que sa première heure était consacrée à Saturne, et que les Anglais appellent encore aujourd'hui *saturday*, ce qui veut dire exactement *jour de Saturne*.

La deuxième heure, d'après ce qui précède, était consacrée à Jupiter, la troisième à Mars, etc., etc., la septième à la Lune, et, en recommençant la série, la huitième à Saturne, la neuvième à Jupiter, etc., puis la vingt-deuxième à Saturne, la vingt-troisième à Jupiter, et la vingt-quatrième à Mars.

La vingt-cinquième heure, c'est-à-dire la première heure du lendemain, était alors consacrée à la planète qui vient après Mars, c'est-à-dire au Soleil. De là, pour le lendemain du samedi, le nom ancien de *jour du Soleil*.

Les Anglais l'appellent encore *sunday*, et les Allemands *sonntag*, ce qui, dans les langues de ces deux peuples, signifie exactement *jour du Soleil*. Nous l'appelons autrement, nous dirons tout à l'heure pourquoi.

Ce jour-là, la première heure était donc consacrée au Soleil, et par conséquent, en comptant comme ci-dessus, la huitième, la quinzième et la vingt-deuxième aussi. La vingt-troisième heure était alors consacrée à Vénus, la vingt-quatrième à Mercure, et la vingt-cinquième, c'est-à-dire la première heure du lendemain, à la Lune.

De là, pour ce lendemain, le nom de *jour de la Lune*, qui est encore son nom actuel, *lundi* en français, *munday* en anglais et *montag* en allemand, noms qui signifient tous *jour de la Lune*.

En continuant indéfiniment le même cercle, vous trouverez que le lendemain du lundi devait être consacré à Mars, d'où son nom de *mardi;* le surlendemain à Mercure, d'où *mercredi;* le jour suivant à Jupiter, *jeudi,* et le dernier à Vénus, *vendredi.*

Puis on revenait au jour de Saturne, *samedi,* et ainsi de suite éternellement.

Il ne reste donc à expliquer que le nom que nous

donnons au lendemain du samedi, appelé par nous le *dimanche*.

A l'origine du christianisme, nos ancêtres l'appelaient *dies dominica;* les Italiens l'appellent encore *domenica*. Cela voulait dire *jour du Seigneur,* parce que, dans notre religion, ce jour est consacré au Seigneur.

De ce nom, les anciens Gaulois firent par corruption *dominque,* puis *dominche,* puis *dimenche,* puis enfin *dimanche*.

Tous ces noms des jours de la semaine, dont vous vous servez journellement, disparurent sous la première République française, en 1793. Les semaines, les mois, l'origine de l'année et l'*ère* elle-même, c'est-à-dire l'année n° 1, celle à partir de laquelle se comptent les autres, avaient été changés en même temps.

L'an 1er commençait le 22 septembre 1793, jour de la proclamation de la République et de l'équinoxe d'automne. Chacune des années suivantes devait commencer de même le jour de l'équinoxe d'automne.

L'année républicaine était divisée en douze mois égaux de trente jours, ce qui faisait trois cent soixante jours. Les cinq ou six jours restants, suivant que l'année était ordinaire ou bissextile, étaient appelés *jours complémentaires* et désignés sous le nom de *sans-culottides*.

Les douze mois portaient des noms ayant des terminaisons variables suivant les saisons auxquelles ils appartenaient. Ces noms avaient été choisis de manière à rappeler les phases annuelles de l'agriculture et de la température.

Le premier. qui commençait le jour de l'équinoxe d'automne, s'appelait *vendémiaire ;* le deuxième, *brumaire ;* le troisième, *frimaire.* C'étaient les trois mois de l'automne.

Les trois suivants étaient : *nivôse, pluviôse, ventôse.* Ils correspondaient à la saison de l'hiver. Venaient alors les trois mois du printemps : *germinal, floréal, prairial,* et enfin les trois de l'été : *messidor, thermidor, fructidor,* suivis des jours complémentaires ou sans-culottides.

Mais ces dénominations, en apparence bien trouvées, avaient l'inconvénient de n'être relatives qu'au climat de la France. Elles n'avaient plus leur sens pour les pays éloignés du nôtre sur la surface de la Terre. C'était donc une illusion de penser, comme on le faisait alors, qu'elles seraient généralement adoptées.

Dans ce système, on avait divisé chaque mois en trois périodes égales nommées *décades*. Les noms des jours de chaque décade étaient les suivants : 1 *primidi;* — 2 *duodi;* — 3 *tridi;* — 4 *quartidi;* — 5 *quintidi;* — 6 *sextidi;* — 7 *septidi;* — 8 *octidi;* — 9 *nonidi;* — 10 *décadi.*

On y trouvait cet avantage que le nom même du jour de la décade indiquait tout de suite sa date dans le mois.

Mais, a-t-on dit depuis, la semaine est plus en harmonie avec les forces humaines. Quand on a travaillé six jours, on est bien aise de se reposer le septième. — Ceci pourrait bien être une faible raison, et l'on aurait le droit de la discuter. Mais, comme il est vraisemblable que la décade ne trouverait guère de défenseurs dans mes petits lecteurs, il est prudent, peut-être, de ne pas insister.

Quoi qu'il en soit, cette réforme fut de peu de

durée. Au bout de treize ans, c'est-à-dire en 1806, on abandonna le calendrier républicain pour revenir à l'ancien, qui est encore le nôtre aujourd'hui.

Dans cette courte période de treize années, le calendrier républicain avait servi à enregistrer de nombreuses dates à jamais célèbres dans notre histoire. Un Français ne saurait donc se dispenser de le connaître, et comme c'est à de bons petits Français que ce livre est destiné, il était indispensable d'en parler avec un peu de détails.

IX

Pour bien vous faire comprendre le mouvement un peu compliqué de la Terre, vous avez vu, mes chers enfants, qu'il a fallu le décomposer en plusieurs mouvements plus simples dont les principaux ont été désignés par les noms de *mouvement diurne* et de *mouvement annuel*.

Vous savez maintenant qu'en vertu de ce dernier la Terre se promène autour du Soleil, en décrivant la grande ellipse appelée *écliptique* par les savants.

Pendant que la Terre exécute ce mouvement dont la durée est, d'après ce qui précède, de trois cent soixante-cinq jours moyens et un quart de jour moyen, elle est constamment suivie par un astre fidèle qui semble rôder autour d'elle comme un bon chien de berger autour de la bergerie confiée à sa garde.

Il y a bien longtemps, sans doute, que cette comparaison a été faite pour la première fois, car le nom de *satellite de la Terre,* donné par les astronomes à l'astre en question, date de fort loin.

Vous l'avez déjà deviné, c'est de la *Lune* qu'il s'agit. Eh bien, oui, c'est de la Lune que nous allons maintenant nous occuper.

C'est bien le moins, du reste, que vous sachiez à quoi vous en tenir sur cet astre qui, d'après les théories de la science moderne, a fait à l'origine partie de notre Terre elle-même. Ceci vous sera expliqué plus loin. Et puis cette bonne Lune, il ne se passe pour ainsi dire pas de jour dans la vie où l'on n'en entende parler.

Vous avez tous été bercés avec son nom :

> Au clair de la Lune,
> Mon ami Pierrot, etc.

A mesure que vous grandissiez, on l'a fait intervenir à chaque instant dans votre existence. Un jour elle devait ramener le beau temps; un autre jour, la pluie ou le vent.

7.

Bientôt, quand vous serez en âge de les comprendre, ce seront les poëtes qui vous en parleront. On peut même dès aujourd'hui prédire, sans être prophète, que plus d'un parmi vous la chantera à son tour. Qui donc ne se croit pas poëte une fois dans sa vie? Il ne faut pas grand'chose pour cela, vous verrez.

Ah! par exemple, il pourra bien vous arriver dans ces moments-là de n'être que médiocrement satisfaits de son modeste nom de Lune, qui ne rime guère qu'avec brune, et encore! mais vous aurez à votre disposition l'arsenal de ses noms mythologiques : Phébé, Diane, Séléné, etc., etc.; sans compter les tournures poétiques : astre de la nuit, témoin discret, miroir silencieux, etc., etc.

Cela ne sera pas neuf assurément; mais, si vous n'êtes pas les premiers à faire usage de ces ingénieux détours, vous pourrez aisément vous en consoler en songeant que bien d'autres encore s'en serviront de même après vous.

Puis viendra l'âge des longues nuits, des nuits sans sommeil; car on ne dort malheureusement pas toute la vie aussi bien que vous, mes chers enfants, qui ne faites probablement qu'un bon somme du soir au matin. C'est alors, quand on est vieux, qu'on passe avec la Lune de longs tête-à-tête.

Ainsi, vous le voyez, du commencement à la fin, du berceau à la tombe, nous avons tous fort à faire avec la Lune.

Ce n'est donc pas peine perdue que d'apprendre de bonne heure ce qu'est exactement cette compagne fidèle de la Terre. Du reste, cet apprentissage sera pour vous très-facile après ce qui précède.

En effet, la Lune exécute autour de la Terre, *supposée immobile*, des mouvements ayant une ressemblance frappante avec ceux de la Terre autour du Soleil. — Or, vous connaissez maintenant ces derniers; vous allez par conséquent vous trouver tout de suite au courant des autres.

Supposez donc la Terre arrêtée en un point de l'écliptique. C'est là une supposition facile à faire, puisqu'au premier abord on ne s'aperçoit pas de son mouvement sur cette grande ellipse.

Puis, regardez un beau soir cette lune brillante, et notez la distance qui paraît la séparer d'une étoile facile à reconnaître, et située dans son voisinage du côté de l'est, ou orient.

Quelques heures après, revenez examiner de nouveau la Lune et l'étoile que vous aviez choisie. Ces deux astres, bien entendu, auront marché vers l'ouest. Ceci est la conséquence du mouvement diurne de la Terre autour de sa ligne des pôles. Mais, en même temps que la Lune et l'étoile par vous choisie se sont ainsi rapprochées de leur coucher, vous constaterez très-facilement que la distance qui les séparait au moment de votre première observation a notablement diminué. La Lune s'est rapprochée de l'étoile, c'est-à-dire qu'elle a marché de l'ouest à l'est.

Si vous en avez la patience, suivez cette Lune pendant une trentaine de jours. Vous la verrez marcher constamment dans le même sens et traverser successivement les diverses constellations du zodiaque, sans trop s'écarter de la route suivie par le Soleil à travers cette zone zodiacale.

Au bout de vingt-sept jours et un tiers elle sera revenue à peu près à sa première position, c'est-à-dire qu'elle aura exécuté un tour complet autour de la Terre. La ligne par elle décrite dans ce mouvement est une ellipse, dont le centre de la Terre occupe l'un des foyers. Cette ellipse, que vous voyez figurée ci-dessous, porte le nom d'*orbite lunaire*.

Le point le plus rapproché du foyer occupé par

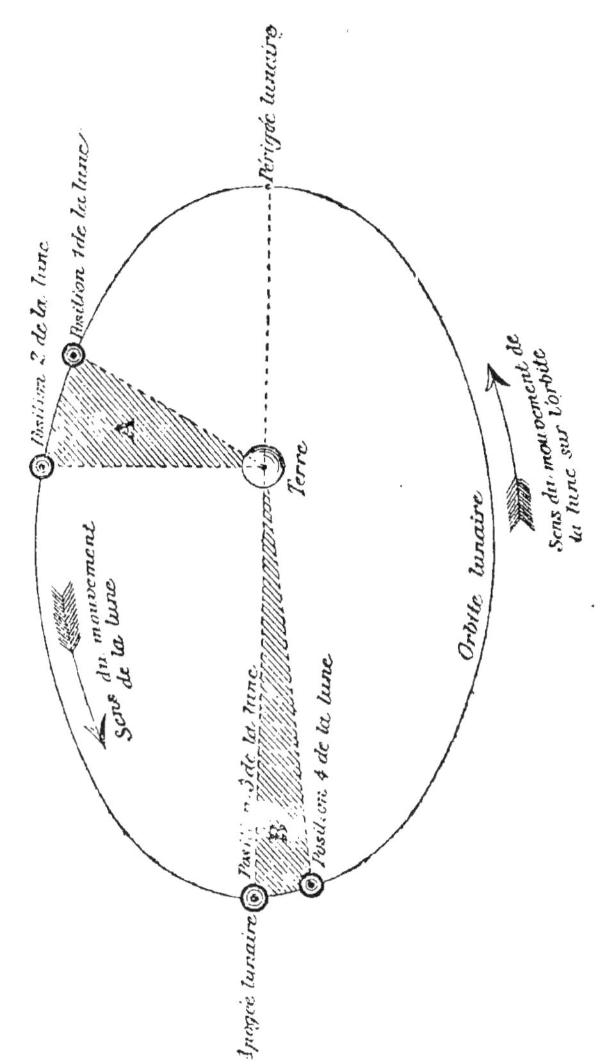

le centre de la Terre s'appelle le *périgée lunaire* ;
le point le plus éloigné, situé à l'autre extrémité de

la ligne droite passant par le centre de la Terre et le périgée, est l'*apogée lunaire*. Les flèches indiquent le sens du mouvement de la Lune sur son orbite.

Vous voyez que ce mouvement s'exécute comme celui de la Terre autour du Soleil; le sens du mouvement est le même dans les deux cas; la forme de la courbe est aussi la même, ainsi que la position de l'astre fixe, par rapport à l'astre mobile. Il n'y a de changées que la grandeur de l'ellipse et la durée du mouvement, qui n'est plus que de vingt-sept jours et un tiers pour celui de la Lune.

La ressemblance ne se borne pas là, du reste, comme vous allez voir.

Ainsi, quand il s'est agi du mouvement de la Terre sur l'écliptique, nous avons remarqué que ce dernier ne s'opérait pas avec une vitesse régulière, c'est-à-dire que, dans des temps égaux, la Terre ne parcourait pas des longueurs égales sur l'écliptique. Eh bien, il en est encore absolument de même pour le mouvement de la Lune sur l'orbite lunaire.

Si, par exemple, la Lune met un certain temps

pour aller de la position 1, figurée page 121, à la position 2, et un temps égal au premier pour aller de la position 3 à la position 4, ce sont encore les morceaux de l'orbite désignés par les lettres A et B qui sont égaux, morceaux qui sont tous les deux teintés en noir par des hachures.

Or, pour que ces deux morceaux soient égaux, il faut évidemment que le morceau B, qui est le plus long, soit en même temps le moins large. Par conséquent, son bord est plus petit que celui du morceau A. Autrement dit, il doit y avoir moins de chemin de la position 3 à la position 4 de la Lune que de la position 1 à la position 2. Comme la Lune a parcouru ces deux chemins dans le même temps, elle allait donc moins vite en marchant sur le bord du morceau B qu'en se promenant sur celui du morceau A.

Ainsi, la ressemblance du mouvement de la Lune sur son orbite avec celui de la Terre sur l'écliptique devient frappante.

Voici qui va la rendre encore plus complète. Vous devez vous rappeler que, pour expliquer la variation qui s'opère dans la durée des saisons, nous avons constaté (chap. IV, page 43) que l'écliptique tournait lentement sur elle-même autour du foyer occupé par le Soleil.

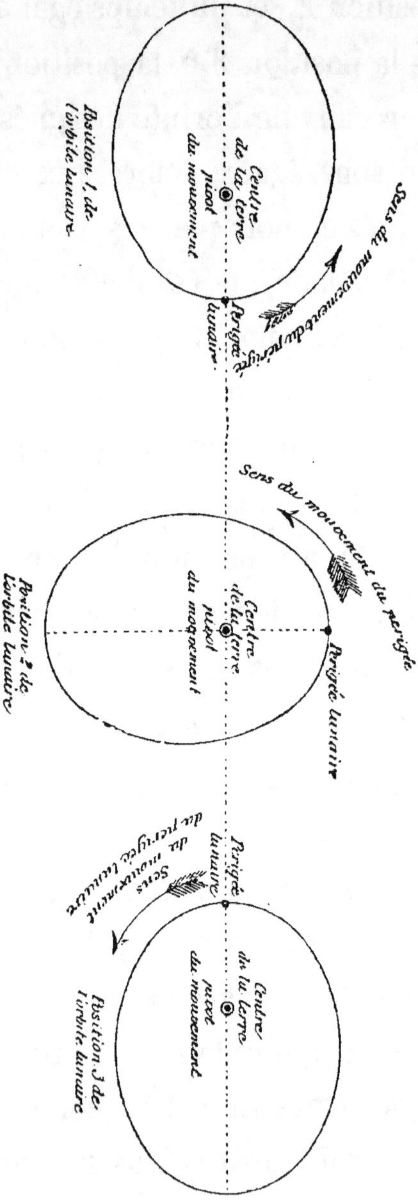

Eh bien, l'orbite lunaire aussi est animée d'un pareil mouvement autour du foyer occupé par le centre de la Terre. Seulement, ce mouvement est beaucoup plus rapide que celui de l'écliptique.

Ainsi, huit cent huit jours à peine après avoir occupé la position 1, figurée ci-contre, l'orbite lunaire arrive dans la position 2; et huit cent huit autres jours après, elle est dans la position 3.

C'est-à-dire que, par suite de son mouvement dans le sens de la flèche, le périgée lunaire exécute un tour complet autour de la Terre, en quatre fois huit cent huit jours ou trois mille deux cent trente-deux jours, ce qui fait un peu moins de neuf ans. D'après ce qui a été dit au chapitre IV, page 46, le périhélie, se mouvant dans le même sens autour du Soleil, met plus de vingt mille ans à faire un tour complet autour de cet astre.

Sauf ces énormes différences dans les durées, les mouvements de la Lune autour de la Terre, et de la Terre autour du Soleil, se ressemblent donc complétement jusqu'à présent.

Mais, allez-vous dire, pendant que la Terre exécute son mouvement autour du Soleil en se promenant sur l'écliptique, elle tourne aussi autour de sa ligne des pôles. Est-ce que la Lune, décrivant l'orbite lunaire, tourne, elle aussi, autour d'une ligne passant par son centre qui serait alors la ligne des pôles de la Lune?

Précisément, mes chers enfants. Ainsi, la ressemblance devient de plus en plus parfaite, sauf la durée, toujours.

Représentons, si vous voulez, l'orbite lunaire par

une table, comme celle qui nous a servi en commençant à figurer l'écliptique. La Terre occupera alors sur cette table, appelée *orbite lunaire,* la place occupée par le Soleil sur celle que nous avions nommée écliptique.

Figurons-la donc en repos, au point qui est le foyer de droite de la courbe formant le bord de la table. (Voir page 129.)

Le centre de la boule représentant la Terre se trouve, par suite, au-dessus du foyer; mais, comme nous figurons en même temps le centre de la Lune, à la même hauteur au-dessus de la table, cela revient au même, et c'est plus commode pour bien voir. C'est, du reste, ce que nous avions déjà fait pour le Soleil et l'écliptique, sans explication.

D'après ce qui précède, la Lune fait le tour de la table en vingt-sept jours et un tiers environ. Eh bien, il est facile de reconnaître qu'elle exécute dans le même temps un tour complet sur elle-même, autour d'une ligne passant par son centre; et de plus, que cette ligne, au lieu d'être perpendiculaire, c'est-à-dire bien d'aplomb sur la table, est légèrement inclinée à droite, comme l'était l'axe de la Terre sur le plan de l'écliptique.

En effet, si la Lune ne tournait pas sur elle-même pendant qu'elle marche sur l'orbite lunaire, dans le sens indiqué par la flèche, la partie de cet astre tournée vers la Terre, et par suite visible quand elle est au périgée, serait précisément celle qui deviendrait invisible pour nous quand elle aurait atteint l'apogée. Par conséquent, pendant l'exécution d'un tour complet de la Lune autour de la Terre, nous devrions apercevoir successivement toutes les parties de cet astre. Or, la Lune est assez rapprochée de la Terre pour que l'on puisse très-aisément constater qu'il n'en est pas ainsi. Grâce, en effet, à cette faible distance, qui varie entre huit et dix fois le tour de la Terre, ce qui est relativement très-peu, et grâce aussi aux progrès de la science moderne, on peut non-seulement dessiner avec exactitude la partie visible de la Lune, mais on est même arrivé à photographier cet astre avec ses détails, montagnes, vallées, etc., etc.; on sait aujourd'hui la hauteur même de ces montagnes, la profondeur de ces ravins. Dans tous les bons livres d'astronomie un peu complets, vous trouverez des cartes exactes de la Lune.

On a pu de la sorte acquérir la certitude complète que dans toutes ses positions sur l'orbite lunaire, la Lune tourne toujours vers la Terre la même moitié. Ainsi, dans la figure de la page 129, la partie de la Lune visible de la Terre qui est représentée en blanc est la même dans les quatre positions, au périgée, à l'apogée et dans les deux positions intermédiaires.

La partie invisible qui est en noir est également la même dans les quatre positions.

Il faut évidemment, pour que cela soit ainsi, que la Lune ait exécuté sur elle-même un demi-tour complet en passant du périgée à l'apogée, ou de la position 2 à la position 4. Elle exécutera un second demi-tour en retournant de l'apogée au périgée, ou de la position 4 à la position 2. Il est donc certain qu'en même temps que la Lune fait le tour de son orbite, elle exécute sur elle-même un tour complet.

Avec un instant de réflexion, vous comprendrez parfaitement tout seuls que ce mouvement de la Lune sur elle-même doit s'exécuter dans le même sens que son mouvement sur le bord de la table, c'est-à-dire dans le même sens que le mouvement *diurne*

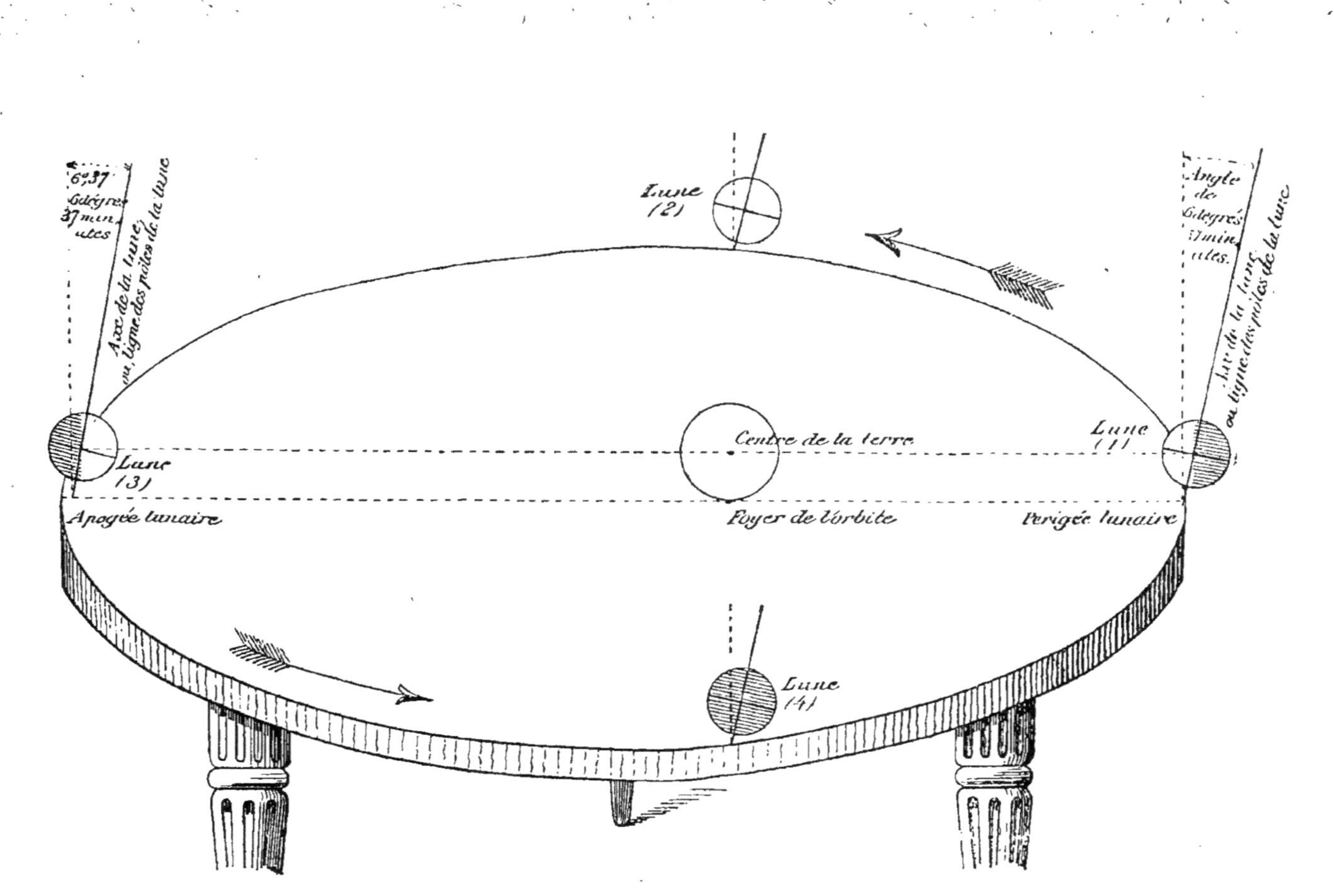
6,37
6 degrés
37 min-
utes
Axe de la lune,
ou, ligne des pôles de la lune
Lune
(2)
Angle
de
6 degrés
37 min-
utes.
Axe de la lune,
ou, ligne des pôles de la lune
Lune
(3)
Centre de la terre
Lune
(1)
Apogée lunaire
Foyer de l'orbite
Périgée lunaire
Lune
(4)

de la Terre. S'il n'en était pas ainsi, la Lune ne tournerait pas constamment vers nous sa même moitié, cela est évident.

Seulement, vous devez vous rappeler que d'après ce qui a été dit tout à l'heure, la Lune décrit l'orbite lunaire avec une vitesse irrégulière.

Si les mêmes irrégularités n'existent pas dans son mouvement autour de la ligne de ses pôles, il doit en résulter qu'au lieu de nous montrer exactement la même moitié pendant toute la durée de son trajet sur l'orbite, la Lune doit nous laisser voir alternativement à gauche et à droite une petite partie de la moitié qui était invisible à l'apogée et au périgée.

C'est effectivement ce qui a lieu. La Lune semble se balancer en tournant à droite, puis à gauche, et les savants ont donné à ce balancement apparent le nom de *libration*, du mot latin *librare*, qui veut dire *balancer*.

Pour distinguer cette libration de droite et de gauche d'avec un autre balancement de haut en bas, dont nous allons parler, ils la désignent sous le nom de *libration en longitude*. Ce mot *longitude* vous sera expliqué plus loin.

Revenons maintenant à la table qui représente pour nous l'orbite lunaire. Dans la figure de la page 129, la ligne des pôles de la Lune (c'est-à-dire l'axe autour duquel cet astre tourne une fois en vingt-sept jours et un tiers) est inclinée vers la droite, d'une quantité indiquée en toutes lettres par ces mots : *angle de 6 degrés et 37 minutes.*

Est-ce que l'on peut facilement prouver qu'il en est ainsi ?

Oui, mes chers enfants.

D'abord, si cela n'était pas, si l'axe de la Lune était perpendiculaire, c'est-à-dire bien droit, bien d'aplomb sur l'orbite lunaire, on devrait apercevoir les deux pôles de la Lune dans toutes les positions de cet astre sur son orbite, et il n'en est rien.

De plus, en supposant que l'on trouve quelques difficultés à reconnaître ces pôles, il devrait arriver qu'en notant sur la surface de la Lune, lorsqu'elle est au périgée, un point facile à reconnaître, situé à égale distance des bords supérieur et inférieur de la partie visible (le point A par exemple), ce point parût encore placé de même, quand la Lune serait à l'apogée. C'est là ce que la figure ci-contre met en évidence.

Or, avec une bonne lunette, il est facile de reconnaître que cela n'a pas lieu non plus.

Un point de la Lune qui paraît à égale distance de son bord supérieur et de son bord inférieur, lorsque la Lune est au périgée, semble, au contraire, très-sensiblement plus rapproché du bord inférieur lorsque la Lune est parvenue à l'apogée.

De plus, les savants, qui, par des moyens à eux, reconnaissent parfaitement les pôles de la Lune, nous apprennent que lorsque cet astre est au périgée, on ne peut pas apercevoir son pôle boréal, tandis que son pôle austral est au-dessus du bord inférieur de la partie visible. Quand, au con-

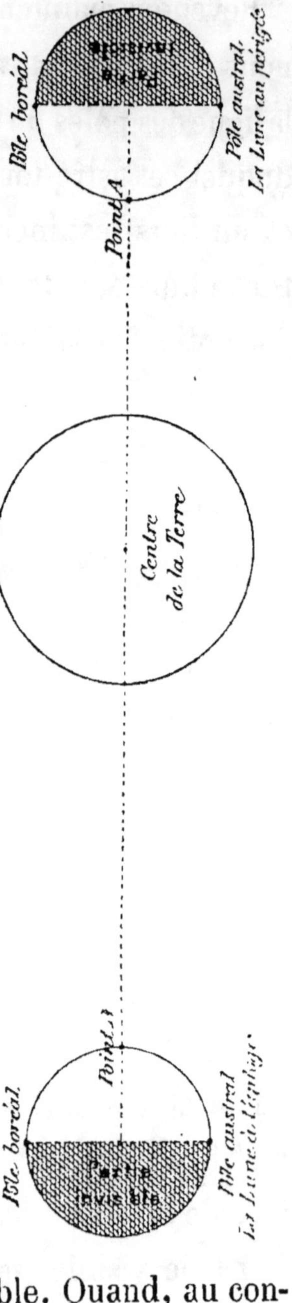

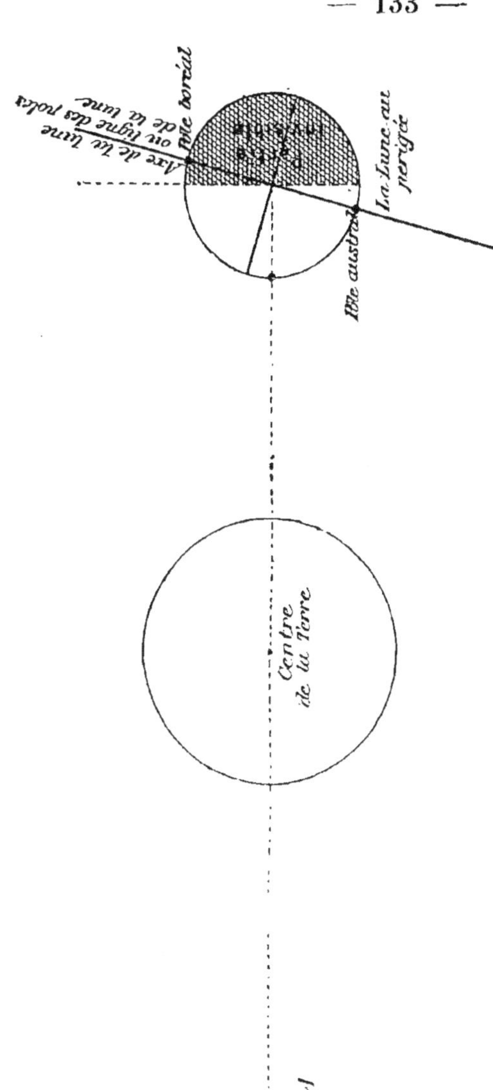

traire, la Lune est à l'apogée, c'est le pôle austral qu'on ne voit plus; le pôle boréal apparaît alors au-dessous du bord supérieur de la partie visible, comme le montre la figure ci-contre, dans laquelle l'inclinaison de la ligne des pôles de la Lune est rétablie telle qu'elle existe réellement.

Ainsi donc, l'axe de la Lune est incliné sur le plan de l'orbite lunaire. Cette inclinaison produit un mouvement de haut en bas de chacun des points de la Lune visible pendant que cet astre va du périgée à l'apogée. Dans le retour de l'apogée au périgée, ce mouvement se fait, au contraire, de bas en haut. Ce mouvement alternatif constitue un véritable balancement que les savants désignent par le nom de *libration en latitude*. Le mot *latitude* vous sera expliqué plus loin.

Chaque point de la Lune est par suite animé de deux balancements, ou *librations,* en même temps : un de droite à gauche ou de gauche à droite, l'autre de haut en bas ou de bas en haut, alternativement. De la combinaison de ces deux mouvements avec un troisième plus faible, qui porte le nom de *libration diurne,* il résulte pour chaque point de la Lune un mouvement d'oscillation un peu compliqué, qui est celui que l'on observe en réalité. Ce mouvement est particulièrement frappant pour les parties sombres de la surface lunaire que l'on désigne sous le nom de *taches de la Lune,* et qui paraissent décrire chacune une petite ellipse.

En résumé, vous voyez que les mouvements de la Lune autour de la Terre, supposée fixe, ont la plus grande ressemblance avec ceux de la Terre autour du Soleil. Il n'y a pour ainsi dire que les durées des mouvements qui diffèrent; et, chose très-importante à remarquer, le sens du mouvement est toujours identique.

Jusqu'à présent, avec intention, nous n'avons pas parlé de la position occupée dans le ciel par l'orbite lunaire. Comment cette courbe décrite par la Lune autour de la Terre est-elle placée par rapport à l'écliptique et par rapport à l'axe de la Terre?

C'est là une question un peu compliquée, mes chers enfants. Dans la crainte de fatiguer votre aimable attention, je n'y ferai qu'une réponse rapide en terminant ce long chapitre.

L'orbite lunaire est légèrement inclinée sur le plan de l'écliptique. Ainsi, supposez que la table dont nous nous sommes servis en commençant pour représenter l'écliptique soit vue de profil, c'est-à-dire par la tranche.

Le dessus de cette table sera alors figuré par la ligne sur laquelle vous voyez écrits ces mots : *Plan de l'écliptique*. L'orbite lunaire est inclinée sur cette écliptique de 5 degrés et 9 minutes.

C'est-à-dire que si nous représentons dans sa position la table qui nous a servi à figurer l'orbite lunaire, cette table sera placée comme l'est, ci-contre, celle sur le dessus de laquelle sont écrits ces mots : *Plan de l'orbite lunaire.*

L'orbite lunaire ayant la forme elliptique que vous connaissez, la ligne parcourue par la Lune traverse donc l'écliptique en deux points. Ces points sont appelés les *nœuds de la Lune.*

Mais ces points eux-mêmes ne sont pas fixes. Ils se promènent continuellement sur l'écliptique. Voici pourquoi.

L'orbite lunaire, tout en restant constamment inclinée d'un peu plus de 5 degrés sur l'écliptique, ne

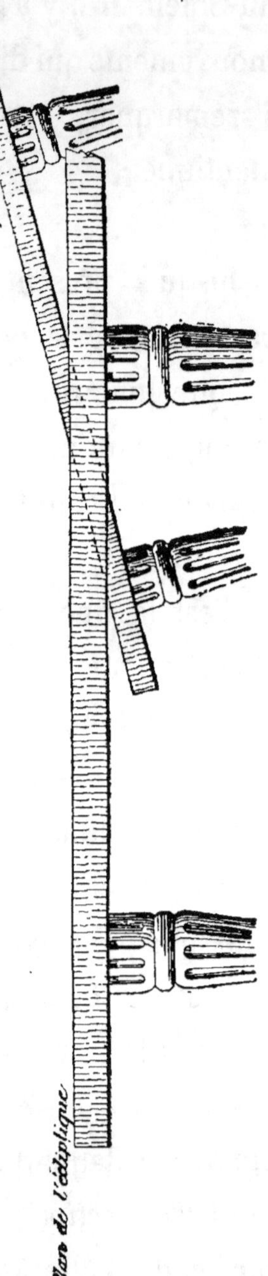

garde pas la même position par rapport à cette dernière. Elle tourne lentement autour d'un axe perpendiculaire au plan de l'écliptique.

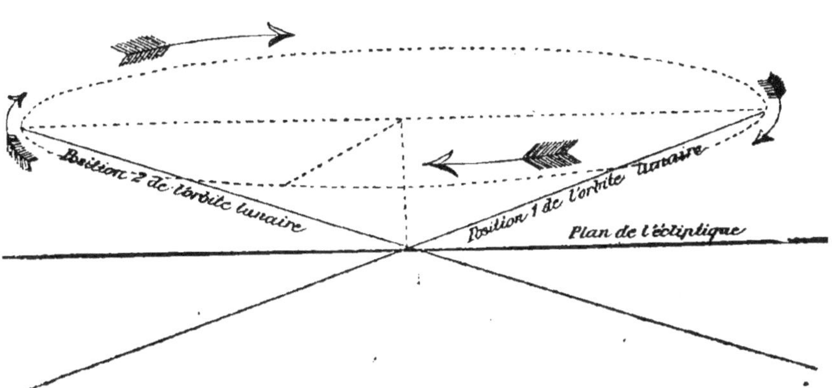

Ainsi, de la position 1, elle va à la position 2, dans le sens de la flèche, et revient ensuite de la position 2 à la position 1, dans le sens de l'autre flèche, c'est-à-dire en continuant de se mouvoir dans le même sens.

Il faut remarquer que le sens de ce mouvement est inverse de celui du mouvement de la Lune sur son orbite. Quant à sa durée, elle est environ de dix-huit ans et neuf mois; c'est-à-dire que l'orbite lunaire revient à la position 1, figurée ci-dessus, dix-huit ans et neuf mois après l'avoir quittée.

8.

Il en résulte une assez grande complication dans la position de l'orbite lunaire par rapport à la ligne des pôles (ou axe) de la Terre.

Vous vous rappelez, en effet, que cet axe autour duquel la Terre tourne une fois en vingt-quatre heures n'est pas d'aplomb sur l'écliptique.

Il penche de 23 degrés et 28 minutes vers la droite.

Par suite, le plan de l'*équateur terrestre* (c'est-à-dire le plan du cercle décrit dans le mouvement diurne par un point situé à égale distance des deux pôles de la Terre) est lui-même incliné de la même quantité sur l'écliptique.

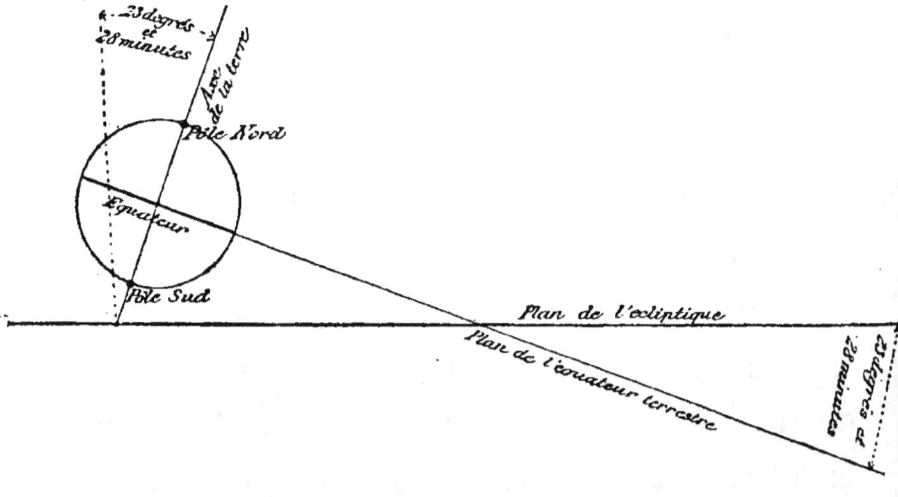

La figure ci-dessus met la chose en évidence.

Mais alors, lorsque l'orbite lunaire est par rapport à l'écliptique dans la position que nous désignions à l'instant sous le nom de position 1, son plan se trouve par rapport à celui de l'équateur terrestre dans la position que voici.

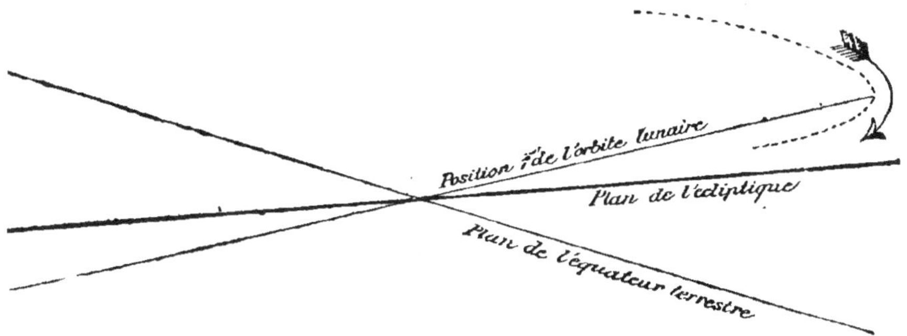

C'est-à-dire que l'orbite lunaire est inclinée alors sur l'équateur terrestre d'une quantité égale à la somme des inclinaisons de l'équateur terrestre sur l'écliptique, et de l'orbite lunaire sur l'écliptique ; ce qui fait 23 degrés 28 minutes d'une part, et 5 degrés 9 minutes de l'autre ; total, 28 degrés 37 minutes.

D'une autre part, lorsque l'orbite lunaire est, par rapport à l'écliptique, dans la position que nous avions appelée plus haut « position 2 », son plan se trouve par rapport à celui de l'équateur terrestre dans la position figurée page 140.

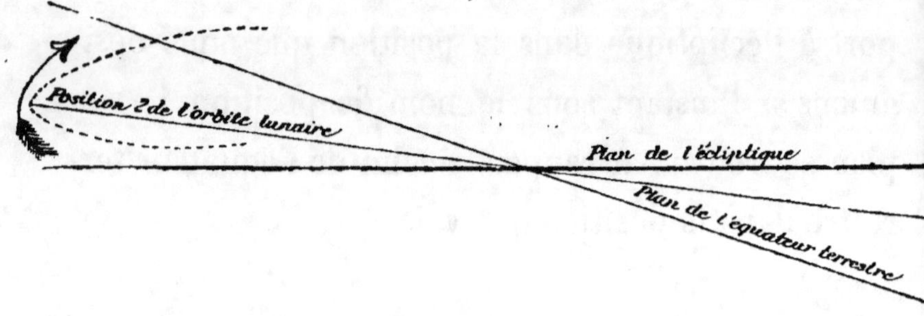

C'est-à-dire que l'inclinaison de l'orbite lunaire sur l'équateur terrestre n'est plus que la différence entre l'inclinaison de l'équateur terrestre sur l'écliptique et l'inclinaison de l'orbite lunaire sur la même écliptique.

Cette différence (23 degrés 28 minutes *moins* 5 degrés 9 minutes) est de 18 degrés 19 minutes.

Ainsi l'inclinaison de l'orbite lunaire sur le plan du cercle décrit par un point de la Terre, dans le mouvement diurne, varie constamment entre 28 degrés 37 minutes et 18 degrés 19 minutes.

Il convient d'ajouter tout de suite , pour en finir, que l'inclinaison de l'orbite lunaire sur l'écliptique ne reste pas elle-même rigoureusement constante, comme nous l'avons laissé supposer plus haut.

Cette orbite, en tournant comme nous l'avons dit (page 137), est animée d'un tout petit mouvement d'oscillation que les savants appellent *nutation*. Il en résulte que l'angle que nous avons regardé comme constant et égal à 5 degrés 9 minutes varie entre 5 degrés 1 minute et 5 degrés 18 minutes.

Mais cela devient de nouveau un peu difficile pour vous. Il est évidemment prudent de s'arrêter. Du reste, à de tout petits mouvements près, petits mouvements sans importance pour nous, ce qui précède résume complétement la manière dont s'exécute la marche de la Lune autour de la Terre supposée fixe.

Supprimez maintenant cette dernière supposition, c'est-à-dire rétablissez par la pensée le mouvement annuel de la Terre sur l'écliptique, et imaginez que tous les mouvements de la Lune qui viennent d'être décrits s'exécutent autour de la Terre en marche, et vous aurez une idée complète de la manière un peu compliquée sans doute, mais parfaitement régulière, dont notre satellite se promène dans le ciel dont il est pour nous un des plus beaux ornements.

X

Ce qui précède était un peu difficile, n'est-ce pas, mes chers enfants? Rassurez-vous, c'est bien fini. Nous n'allons plus trouver maintenant que des choses très-simples, comme vous allez voir.

Vous vous êtes peut-être demandé bien des fois pourquoi cette Lune, que les animaux parlants du bon la Fontaine prennent si volontiers pour un fromage, ne vous apparaît pas toujours avec la même forme.

Son aspect varie effectivement du jour au lendemain, comme vous pouvez le constater, en exécutant le petit travail suivant :

Ouvrez un almanach de 1875, par exemple, à la page où se trouve le calendrier du mois de juin. Vous y verrez écrit quelque part, en haut ou en bas de la page : « Nouvelle Lune le 3, à 10 heures 30 miutes du soir. » Eh bien, si, le 3 juin ainsi désigné, e ciel est sans nuages et la soirée bien claire, vous urez beau regarder de tous les côtés, vous n'apercevrez pas la Lune.

Mais si deux ou trois jours plus tard, le 5 juin par exemple, vous regardez, un peu après le coucher du Soleil, la partie du ciel occupée par cet astre avant de disparaître, vous y apercevrez un tout petit filet argenté, un croissant très-mince, ayant la forme et la position figurées ci-dessus.

C'est la Lune. A la voir ainsi, on ne croirait guère qu'elle est ronde comme une boule, ainsi que nous l'avons admis jusqu'à présent sans le prouver. Il ne faudra pas venir trop longtemps après le coucher du Soleil, le 5 juin 1875, pour l'apercevoir, car elle disparaîtra au-dessous de l'horizon (ce jour-là) très-peu de temps après ce dernier.

Les jours suivants, les 6, 7, 8 juin, etc., le croissant paraîtra de plus en plus large, et le coucher de la Lune retardera de plus en plus sur celui du Soleil.

Si vous revenez la chercher dans le ciel le 10

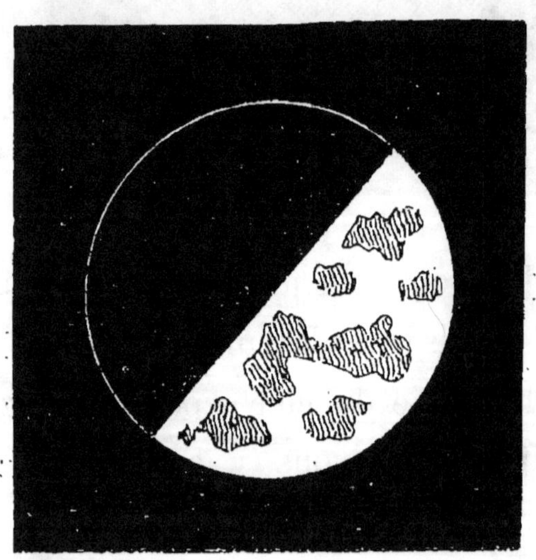

juin ce ne sera plus un croissant que vous trouverez, mais un demi-cercle comme celui qui est ci-dessus représenté en blanc.

L'almanach vous en avertira par ces mots : « Premier quartier, le 10, à 8 heures 4 minutes du soir. » Ce jour-là la Lune sera au méridien à 6 heures du soir. Vous pourrez la voir en même temps que le Soleil, et elle ne disparaîtra de l'horizon, du côté de l'Ouest, que vers minuit.

Le 11 juin et les jours suivants, elle ira toujours en grandissant. Elle vous apparaîtra sous la forme et dans la position que voici :

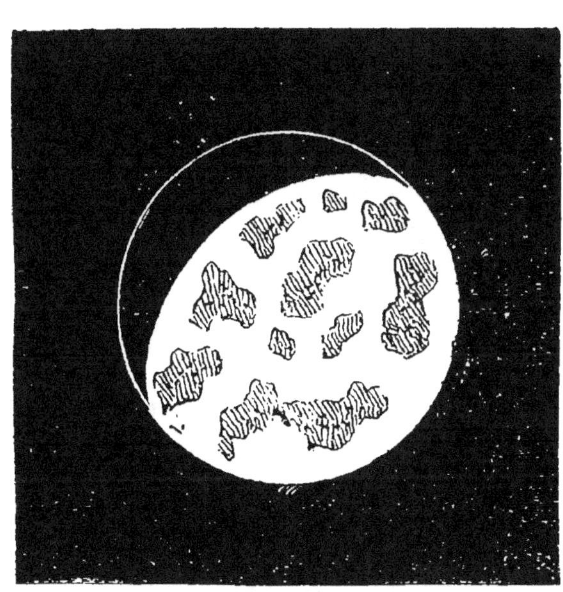

Elle continuera à se coucher de plus en plus tard, après minuit par conséquent. Vous voyez donc qu'elle s'écartera de plus en plus du Soleil, qui, lui, se couchera toujours à peu de minutes près à la même heure.

Si vous reprenez maintenant l'almanach de 1875, vous y trouverez écrit : « Pleine Lune, le 19, à 0 heure 5 minutes du matin »; c'est-à-dire cinq minutes après le minuit qui sépare le 18 juin du 19. Ce jour-là, en regardant dans le ciel, vous apercevrez la Lune tout à fait ronde s'il n'y a pas de nuages pour la cacher.

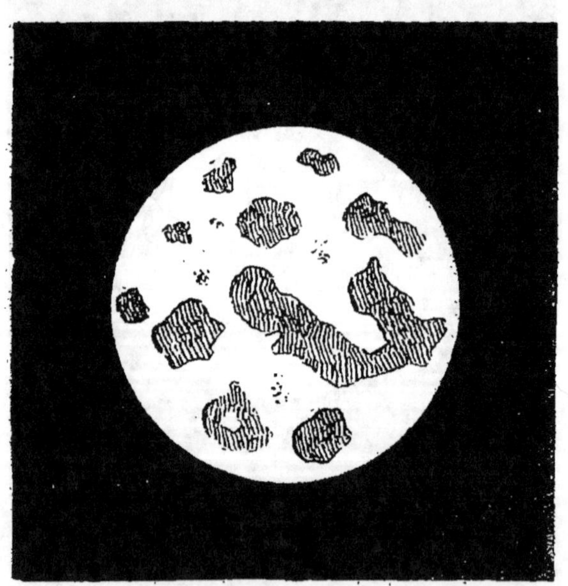

Elle vous éclairera dans ce cas assez pendant la nuit pour que vous puissiez y voir raisonnablement sans avoir besoin de la lumière des becs de gaz ou des réverbères.

Suivez-la dans sa marche, pendant la nuit du 18 au 19 juin, vous verrez qu'elle se lève à l'Est, le 18, au moment où le Soleil se couche à l'Ouest; et réciproquement qu'elle disparaît à l'Ouest, le 19 au matin, au moment où le Soleil reparaît du côté de l'Orient.

La Terre se trouve donc à cette époque entre le Soleil et la Lune.

A partir du 19 juin, vous observerez que la Lune

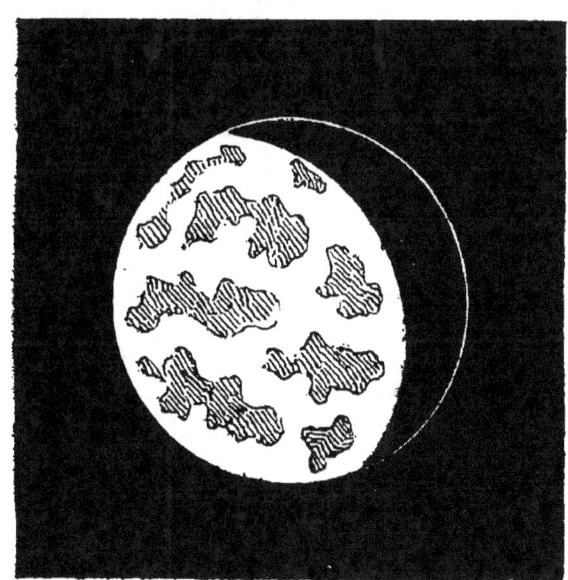

va constamment en diminuant. Vers le 21 ou le 22 juin,

elle aura déjà décru assez pour vous apparaître sous une forme et dans une position inverse de celle qu'elle avait quelques jours avant le 18. Elle vous apparaîtra alors comme ci-dessus, page 147.

Elle se lèvera le soir après le coucher du Soleil, et le lendemain matin le Soleil apparaîtra au-dessus de l'horizon, du côté de l'Orient, avant qu'elle ait disparu à l'Ouest. De la sorte vous pourrez apercevoir en même temps le Soleil levant à votre gauche et la Lune près de son coucher à votre droite.

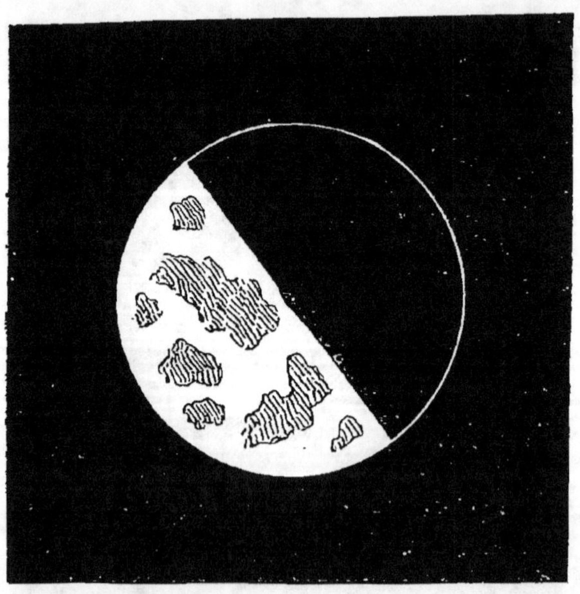

Les deux astres se seront donc rapprochés depuis le 18.

Le 26 juin, jour indiqué dans l'almanach par ces mots : « Dernier quartier, le 26, à 2 heures 48 minutes du soir », la Lune, ayant toujours diminué, sera réduite de moitié et n'aura plus la forme que d'un demi-cercle placé comme vous le voyez page 148.

Ce jour-là, elle passera au méridien à 6 heures du matin. A cette heure-là, le Soleil sera déjà levé depuis longtemps ; ainsi les deux astres se sont rapprochés de plus en plus depuis le 18.

Enfin, les jours qui suivront, le 27, le 28, le 29 juin, etc., la Lune diminuera encore, et l'on ne pourra plus l'apercevoir que peu de temps avant le lever du Soleil. Elle sera alors située du côté de l'Orient dans la région même du ciel où le Soleil va bientôt apparaître. Sa forme sera celle d'un croissant comme celui qui est figuré page 150, et ce croissant deviendra chaque jour de plus en plus mince. A partir du 1er juillet, la Lune cessera de paraître ; pendant quelques jours on ne l'apercevra plus du tout. Puis deux ou trois jours après le 3 juillet, indiqué dans l'almanach par ces mots : « Nouvelle Lune, le 3 juillet, à 5 heures 34 minutes du matin », vous apercevrez de nouveau l'astre, le soir un

peu après le coucher du Soleil, dans la région occupée par ce dernier au moment où il va disparaître
au-dessous de l'horizon. La Lune aura alors sa première forme, c'est-à-dire celle qu'elle avait quelques
jours après le 3 juin. Puis elle repassera successivement par toutes les apparences qui viennent d'être

indiquées et auxquelles les savants ont donné le
nom de *Phases de la Lune*.

Ces phases se succèdent perpétuellement dans le
même ordre, et leur ensemble occupe une durée
d'environ vingt-neuf jours et demi, formant ce
qu'on appelle un *mois lunaire,* ou une *lunaison*.

Par conséquent, si, au lieu de choisir pour les observer le mois de juin de l'année 1875, indiqué ci-dessus, vous voulez choisir un autre mois et une autre année, cela se passera absolument de la même manière. Disons, en passant, que la durée du mois lunaire diminue peu à peu de siècle en siècle; mais cela ne doit pas vous inquiéter; car lorsqu'elle aura ainsi diminué pendant un certain temps, elle commencera à augmenter, pour diminuer ensuite, et ainsi de suite indéfiniment.

Revenons maintenant aux phases de Lune. Comment, allez-vous dire, si la Lune a réellement la forme d'une grosse boule, peut-il se faire que nous l'apercevions tour à tour sous des aspects aussi différents?

Cela mérite effectivement d'être expliqué; car on ne peut nier qu'au premier abord il y ait là quelque chose d'invraisemblable.

Il faut d'abord que vous sachiez que la Lune n'est pas un astre lumineux par lui-même. Nous en aurons bientôt la preuve.

Sa surface est grisâtre comme celle de la Terre. Si, à l'époque de la pleine Lune, par exemple, nous la voyons sous la forme d'un disque brillant, cela tient tout simplement à ce que la moitié qui est tournée de notre côté est, à ce moment-là, éclairée en plein par le Soleil.

Ceci est facile à expliquer. Quand vous êtes dans un lieu obscur, dans une caverne par exemple, ou, ce qui est plus facile à trouver, dans une cave, si le Soleil, pénétrant par une fissure ou par une lucarne, vient frapper le sol de la cave, la partie qui reçoit les rayons de l'astre lumineux vous paraît blanche et brillante. Il y a la plus grande ressemblance entre l'aspect de la partie ainsi éclairée et celui de la Lune. Cependant, le sol de la cave n'est pas lumineux, tant s'en faut.

C'est pour la même raison que lorsque vous apercevez dans le lointain des montagnes se projetant les unes sur les autres, celles qui sont éclairées directement par le Soleil vous semblent brillantes et blanches, comme la Lune, tandis que les autres vous paraissent grises et obscures.

L'éclat blanchâtre et légèrement lumineux des nuages de l'Occident, par exemple, lorsque le Soleil est à l'Orient, est encore un fait de la même espèce.

Vous savez bien, en effet, que les nuages ne sont pas lumineux par eux-mêmes.

Ainsi donc, quand une partie de la Lune (croissant, demi-Lune ou pleine Lune) nous apparaît avec le doux éclat que vous connaissez, c'est que cette partie de la Lune est éclairée par le Soleil. Le reste de la moitié de Lune qui nous fait face, ne recevant pas les rayons du Soleil, demeure obscur, et, dans la plupart des cas, invisible.

Cette simple remarque va permettre d'expliquer avec la plus grande facilité les phases de la Lune, dont l'existence nous semblait tout à l'heure s'accorder si mal avec la forme sphérique de cet astre.

Commençons, si vous voulez, par la pleine Lune, dont l'explication est la plus simple. D'après ce que nous avons dit plus haut, le jour de la pleine Lune cet astre apparaît à l'Orient, au-dessus de l'horizon, au moment où le Soleil se couche à l'Occident.

Par conséquent, la Lune et la Terre sont, l'une par rapport à l'autre, dans une position telle que celle figurée page 154, le Soleil étant très-loin à droite de la Terre.

C'est la moitié de droite seulement de chacun des

deux astres qui est éclairée par le Soleil. Vous voyez que la Lune présente alors vers la Terre sa moitié éclairée par le Soleil. La Terre, de son côté, tourne vers la Lune la partie pour laquelle il fait nuit.

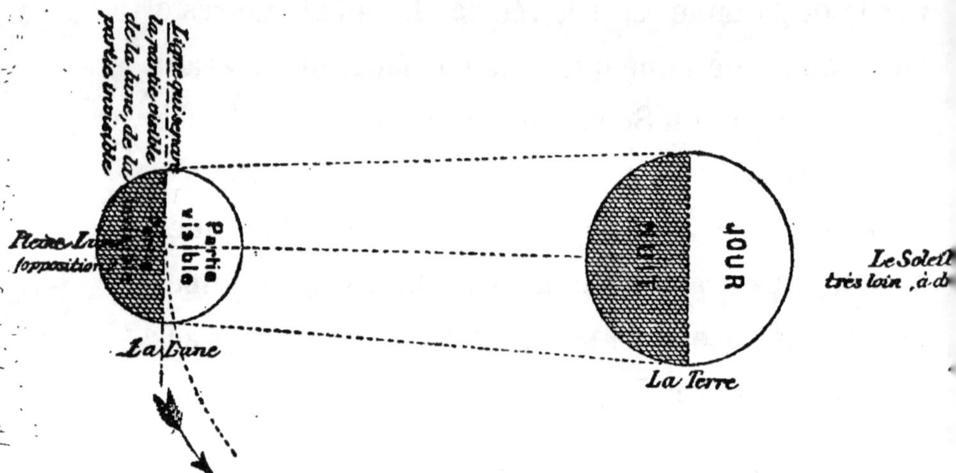

Par conséquent, les habitants de la Terre situés sur la moitié pour laquelle il fait nuit verront toute la partie de la Lune qui est éclairée par le Soleil et par suite légèrement brillante et blanche. La Lune leur apparaîtra donc sous la forme d'un disque lumineux.

La Lune, tournant autour de la Terre, dans le sens que vous connaissez, et qui est indiqué page 155, par la flèche, arrivera, au bout de quelques jours, dans la position ci-dessous par rapport à la

Terre, le Soleil étant toujours très-loin à droite des deux astres.

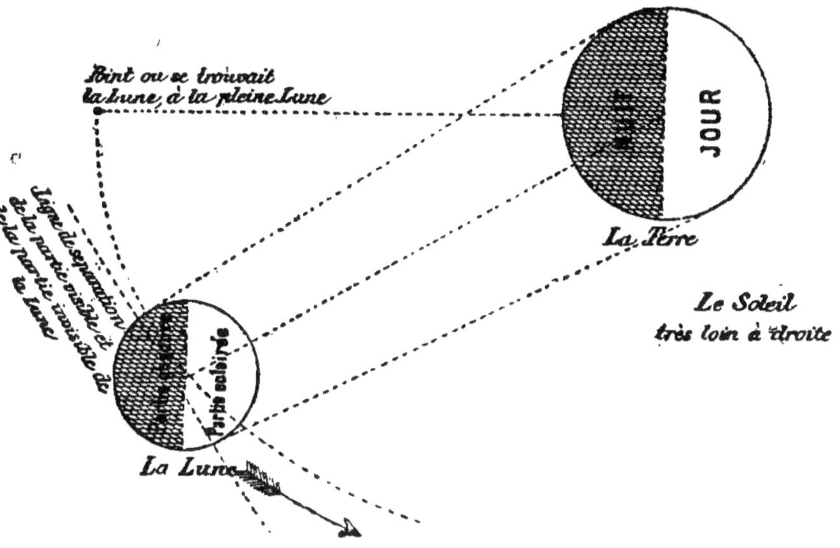

La moitié qu'elle tourne vers la Terre, et qui pourrait être vue par nous, se compose alors de deux parties : l'une éclairée, et par suite brillante, qui est la plus grande ; l'autre obscure, qui est la plus petite.

Les habitants de la Terre la verront donc sous la forme d'un disque incomplet ; il manquera un morceau du côté de l'Occident, c'est-à-dire pour nous autres Français, qui tournons le dos au pôle pour l'apercevoir, du côté droit. Il faut remarquer, en outre, que de la Terre on pourra l'apercevoir pendant une certaine partie du jour.

Quand la Lune, continuant toujours son mouvement autour de la Terre (dans le sens de la flèche), aura pris, par rapport à elle, la position ci-dessous, le Soleil étant toujours très-loin à droite des deux

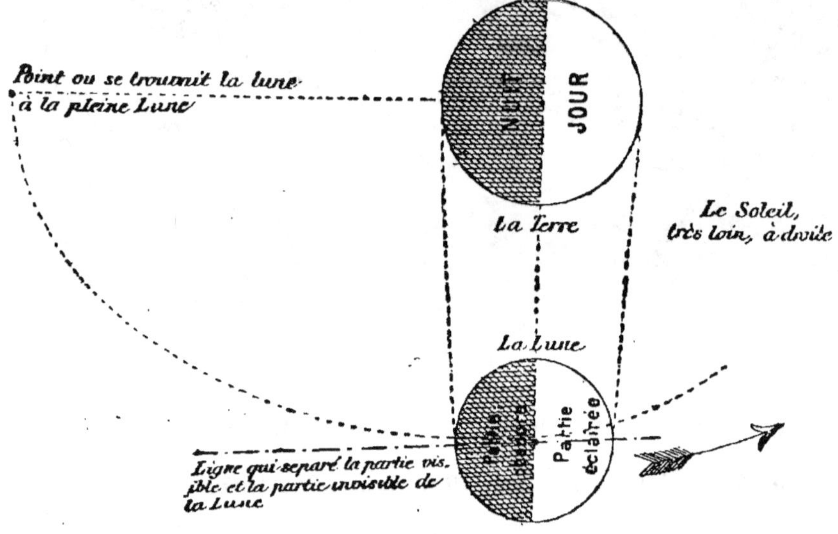

astres, sa moitié tournée du côté de la Terre se composera de deux parties égales, une brillante et l'autre obscure. Elle nous apparaîtra alors sous la forme d'un demi-cercle brillant. L'autre demi-cercle, celui qui est tourné du côté de l'Occident et qui appartient à la moitié de Lune non éclairée par le Soleil, manquera. Il est, en outre, bien évident, d'après la figure, que nous verrons la Lune six heures de jour et six heures de nuit, c'est-à-dire qu'elle passera au méridien vers 6 heures du matin.

Continuons de suivre notre satellite sur son orbite autour de la Terre. Supposons-le arrivé dans la quatrième position figurée ci-dessous, le Soleil étant toujours, bien entendu, très-loin à droite des deux astres.

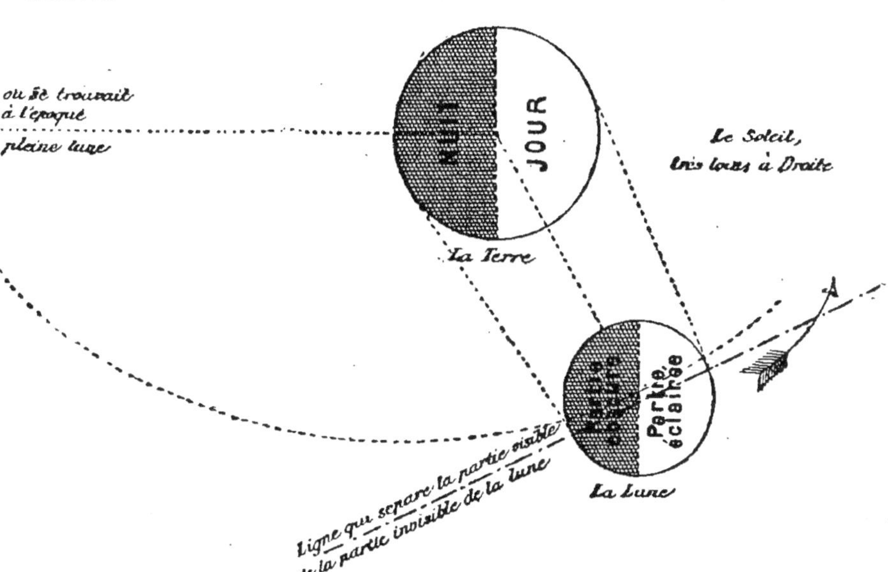

La moitié visible pour nous autres habitants de la Terre ne contient plus qu'une petite partie éclairée, située du côté de l'Orient. La Lune nous apparaîtra donc sous la forme d'un croissant, dont les cornes seront tournées du côté de l'Occident.

Ce croissant ira évidemment en diminuant, à mesure que la Lune continuera de marcher dans le sens de la flèche. Petit à petit, elle finira par atteindre l'extrémité de la ligne qui joint le centre de la Terre au point qu'elle occupait à l'époque de la pleine Lune. Elle sera alors dans la position figurée page 159, entre la Terre et le Soleil, qui, lui, est toujours, bien entendu, très-loin à droite des deux astres.

La partie de la Lune tournée vers la Terre et que nous pourrions voir sera précisément la partie obscure, celle qui ne reçoit pas les rayons du Soleil; nous ne verrons donc plus rien. Ce sera alors la nouvelle Lune, qui se lèvera et se couchera pour nous à peu près en même temps que le Soleil, et que nous ne pourrions, par suite, apercevoir en tout cas que pendant le jour. Mais, comme vous savez, nous ne la verrons pas du tout.

A partir de ce moment, c'est-à-dire à partir de la nouvelle Lune, cet astre, entamant son mouvement sur la seconde moitié de son orbite, repassera successivement par des positions symétriques de celles qui viennent d'être étudiées, et nous appa-

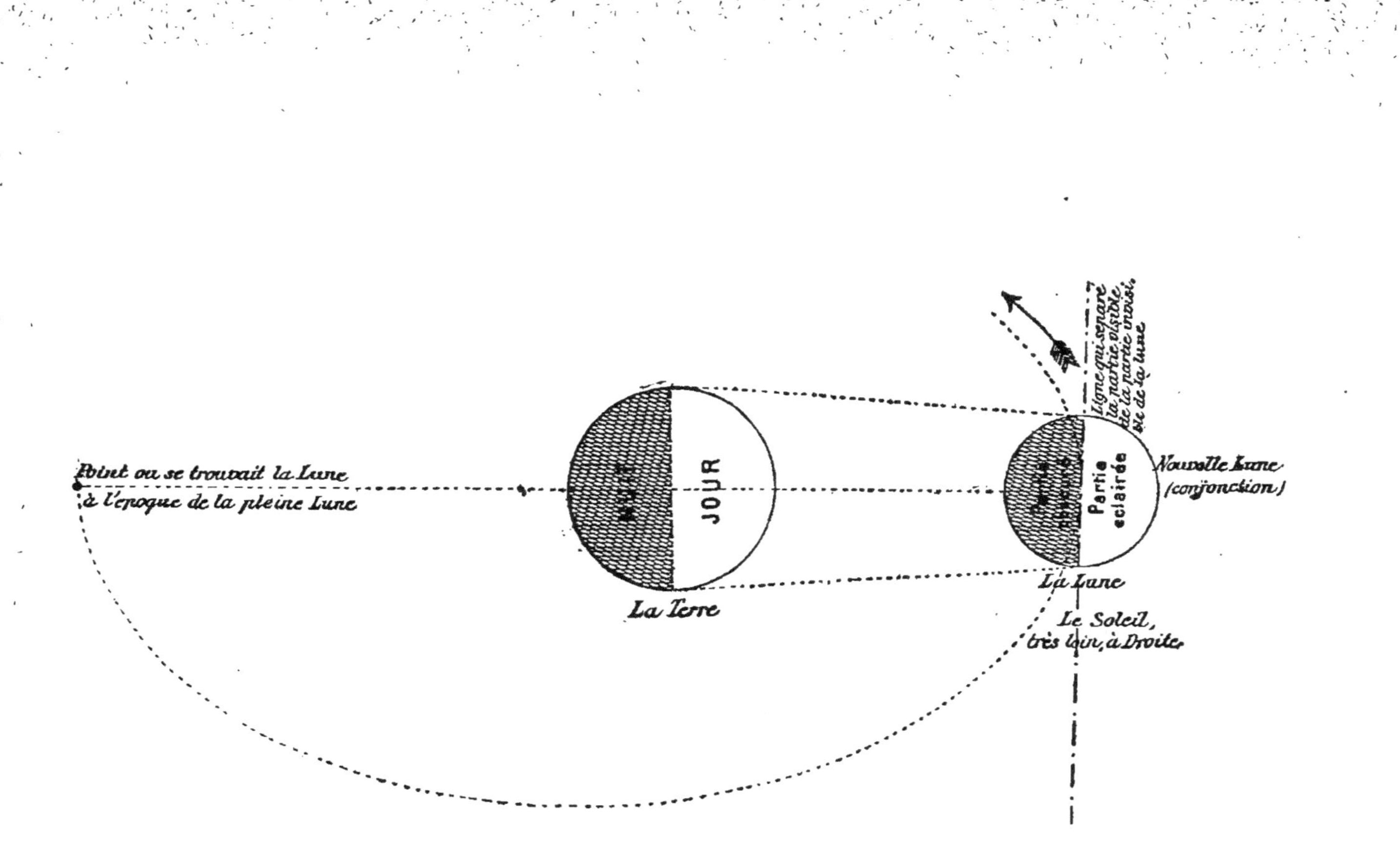

Point ou se trouvait la Lune
à l'époque de la pleine Lune
NUIT
JOUR
La Terre
Partie obscure
Partie eclairée
La Lune
Nouvelle Lune
(conjonction)
Ligne qui separe la partie visible de la partie invisi. ble de la lune
Le Soleil, très loin, à Droite

raîtra par conséquent avec des formes et dans des positions symétriques.

Les voici toutes figurées, avec les appellations que l'on a coutume de leur donner.

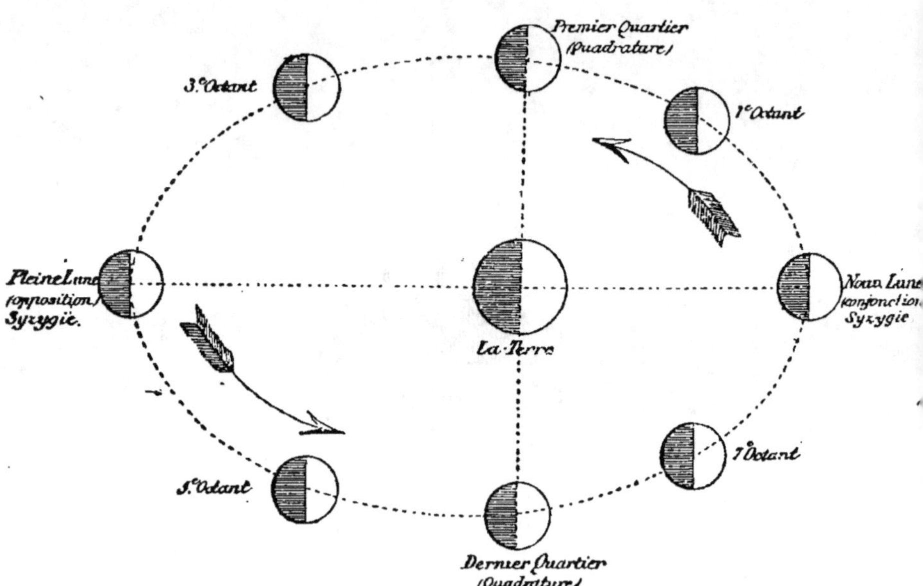

La nouvelle Lune et la pleine Lune reçoivent souvent le nom collectif de *syzygies;* le premier quartier et le dernier quartier sont de même fréquemment désignés sous le nom de *quadratures.* Les quatre positions intermédiaires, dans lesquelles la Lune est à égale distance des quadratures et des syzygies, sont nommées les *octants.*

Enfin, et ceci est très-important, quand la Lune est nouvelle, c'est-à-dire placée, par rapport à la Terre, du même côté et dans la même direction que le Soleil, on dit que le Soleil et la Lune sont en *conjonction*. Quand la Lune est pleine, c'est-à-dire placée, par rapport à la Terre, du côté opposé et dans une direction opposée à celle du Soleil, on dit que le Soleil et la Lune sont en *opposition*.

Le temps que la Lune met à revenir dans une même position par rapport au Soleil, après l'avoir quittée, c'est-à-dire le temps qui s'écoule entre deux nouvelles Lunes par exemple, ou entre deux pleines Lunes, s'appelle *révolution synodique* de la Lune. Nous avons déjà dit plus haut que cet intervalle, qu'on désigne plus communément par le nom de mois lunaire, ou de lunaison, était d'environ vingt-neuf jours et demi, et allait en ce moment en diminuant.

Il est divisé d'une façon inégale par les phases. Ainsi, entre la nouvelle Lune et le premier quartier, le temps écoulé n'est généralement pas le même qu'entre le premier quartier et la pleine Lune. Par suite du mouvement de l'orbite lunaire autour du centre de la Terre, chacun de ces intervalles varie lui-même constamment. Cette variation est l'analogue de la variation dans la durée des saisons, signalée pour la Terre, dans la première partie de cet ouvrage.

Enfin, il faut remarquer qu'il n'y a rien que de bien naturel à ce que la durée du *mois lunaire,* ou de la *révolution synodique,* surpasse de plus de deux jours le temps que la Lune met à faire le tour même de la Terre; nous avons dit, en effet, que la Lune n'emploie pour cela que vingt-sept jours et un tiers, formant ce qui s'appelle une *révolution sidérale.*

C'est qu'en effet, pendant que la Lune exécute ce tour sur son orbite, le Soleil, qui, dans son mouvement apparent, marche autour de la Terre dans le même sens qu'elle, s'est avancé. De la sorte, quand la Lune a achevé son tour, il faut qu'elle continue de marcher pour rattraper le Soleil. C'est absolument comme les deux aiguilles d'une montre. Quand la montre marque midi, la grande et la petite aiguille sont ensemble sur le point midi. Elles partent ensemble. La grande aiguille, qui marche douze fois plus vite que la petite, laisse celle-ci derrière elle. Mais quand cette grande aiguille arrive de nouveau sur le point midi, c'est-à-dire quand elle a fait son tour complet (une révolution sidérale), il n'en est pas moins vrai qu'il lui faut marcher encore un peu pour rejoindre la petite. C'est que celle-ci a marché pendant ce temps-là, pas beaucoup, c'est vrai, mais enfin elle a marché, elle est en ce moment sur le point *une heure*. La grande aiguille ne la rejoindra donc qu'au delà de une heure, et en ce moment elle aura accompli ce que nous appelons pour la Lune une révolution synodique.

Il ne doit maintenant vous rester aucun doute sur la manière dont les phases de la Lune sont liées à sa position par rapport à la Terre et au Soleil. Mais s'il en pouvait subsister le moindre dans l'esprit de quelques-uns d'entre vous, voici une petite expérience facile à exécuter qui l'aurait bientôt fait disparaître.

Il suffit d'être deux et d'avoir à sa disposition une boule un peu grosse et aussi peu brillante que possible.

L'un des deux opérateurs, celui qu'il s'agit de convaincre, se place tranquillement au milieu d'un cercle tracé sur le sol. L'autre tient la boule de manière que le Soleil puisse facilement l'éclairer, et il se promène sur le cercle. L'un des côtés de la boule sera illuminé par les rayons du Soleil, l'autre restera obscur. Eh bien, l'opérateur placé au centre du cercle pourra, en suivant des yeux la boule, que son camarade promène ainsi autour de lui, s'assurer que cette Lune improvisée lui apparaît successivement sous tous les aspects divers que nous avons appelés *phases*.

Si, après cela, il n'est pas complétement convaincu, c'est qu'il ne le sera jamais, bien certainement. Mais je suis parfaitement persuadé qu'il le sera, s'il ne l'était déjà avant l'expérience.

Vous le voyez donc, les phases de la Lune, qui nous paraissaient tout d'abord s'accorder si mal avec la forme sphérique attribuée à la Lune, peuvent servir elles-mêmes à prouver que cet astre n'est bien réellement qu'une grosse boule, comme la Terre, comme le Soleil, comme toutes les autres planètes, comme tous les astres.

Bien d'autres faits, du reste, concourent à établir la même vérité.

Ainsi, regardez avec un peu d'attention la Lune, quelques jours avant ou après une nouvelle Lune.

Vous distinguez parfaitement non-seulement un petit croissant brillant, mais encore tout le reste de la moitié de la Lune tournée du côté de la Terre. Seulement, la partie qui n'est pas directement éclairée par le Soleil vous paraît grisâtre, au lieu d'être blanche et lumineuse comme le croissant lui-même.

Après
la nouvelle lune

Avant
la nouvelle lune

C'est déjà une preuve que la Lune est ronde en ce moment-là tout comme à l'époque de la pleine Lune. Si maintenant vous demandez pourquoi la partie qui n'est pas directement éclairée par le Soleil est aussi légèrement illuminée, il est facile de vous répondre.

Il n'y a là rien qui contredise ce qui a été dit plus haut, comme vous allez voir.

Quand la Lune est pleine, elle nous envoie assez de lumière pendant la nuit pour nous éclairer très-raisonnablement. C'est là un fait que vous avez dû remarquer assez souvent tout seuls.

Mais alors, quand elle est nouvelle, vous devez bien penser que notre Terre, tournant à ce moment vers elle sa partie éclairée par le Soleil, envoie à son tour à la Lune assez de lumière pour éclairer les habitants de cet astre, s'il y en a, ce qui n'est pas probable.

Bien plus, la Terre étant plus grosse que la Lune, il est évident qu'elle doit lui envoyer plus de lumière, aux jours voisins de la nouvelle Lune, qu'elle n'en reçoit d'elle à l'époque de la pleine Lune.

Il est donc tout simple qu'en dehors des croissants brillants dus à la lumière directe du Soleil, nous apercevions le reste de la Lune légèrement illuminé par la lumière de la Terre.

On a donné le nom très-bien trouvé de *lumière cendrée* à ce doux et faible éclat de la partie qui complète le croissant.

A mesure que le croissant augmente, cette lumière cendrée devient de plus en plus faible, et finit par disparaître tout à fait.

Ceci est encore tout naturel, puisque la partie de la surface de la Terre éclairée directement par le Soleil et placée de manière à envoyer de la lumière à la Lune est d'autant plus petite que le croissant est plus grand, comme le montre la figure de la page 160.

En outre, la lumière de ce croissant même, devenant de plus en plus abondante à mesure que celui-ci s'élargit, finit peu à peu par masquer la lumière cendrée de la partie complémentaire du disque. C'est ainsi que la lumière du Soleil, plus vive que celle des étoiles, nous empêche d'apercevoir ces dernières pendant le jour.

Mais, alors même que le croissant est assez large pour que le reste de la Lune ne puisse plus être visible pour nous, on peut aisément constater que le disque est cependant au complet.

Voici comment:

La Lune marche dans le ciel et avec une assez

grande vitesse, comme vous savez, puisqu'elle fait le tour en vingt-sept jours et un tiers, c'est-à-dire plus de treize fois en un an.

Il n'est pas rare, par conséquent, qu'on puisse l'apercevoir dans le voisinage d'une étoile, devant laquelle elle va bientôt passer. Ce fait même de masquer à nos yeux une étoile a un nom chez les savants. Ils l'appellent une *occultation*.

Eh bien, quand la Lune, ayant encore la forme d'un croissant, s'approche ainsi d'une étoile, regardez bien attentivement. Vous verrez l'étoile disparaître, ou, comme disent les savants, l'*occultation se produire* au moment où celle-ci arrive sur la circonférence du cercle qui compléterait le bord extérieur du croissant, c'est-à-dire, lorsqu'elle est encore assez loin du bord même de ce croissant.

Le reste de la Lune est donc bien toujours là, quoique nous ne l'apercevions pas.

Ce sont là, vous le comprenez aisément, autant de preuves que la Lune est bien ronde comme une boule, ou du moins que la moitié que nous apercevons, puisque c'est toujours la même, a bien effectivement la forme d'une demi-boule.

Quant à l'autre moitié, il serait bien étrange et

bien irrégulier qu'elle fût autrement faite que la première.

Et cependant il s'est trouvé de prétendus savants, ne l'étant pas évidemment autant qu'ils auraient voulu le faire croire, qui ont écrit que la moitié invisible de la Lune n'avait pas la même forme que celle que nous pouvons voir. Ils comptaient probablement sur ce que, faute de pouvoir y regarder, on ne pourrait jamais les contredire.

Ils sont vraiment bien attrapés.

D'abord, les librations, auxquelles ils n'avaient pas pensé, nous permettent de voir à peu près la cinquième partie de cette seconde moitié, et de constater que cette cinquième partie est parfaitement la suite de la demi-boule. Il ne manquait donc plus de preuves que pour les quatre autres cinquièmes. Les vrais savants n'ont pas manqué d'en trouver, et d'excellentes. Les donner ici nous entraînerait un peu loin. Mais il est vraisemblable que vous ne refuserez pas d'y croire sans les avoir, et que vous êtes, dès à présent, parfaitement convaincus de cette vérité que la Lune a bien réellement la forme d'une boule.

Maintenant, si vous voulez vous faire une idée de sa grandeur par rapport à la Terre, vous le pouvez en regardant la figure que voici, dans laquelle le grand cercle serait la eTrre, et le petit, la Lune.

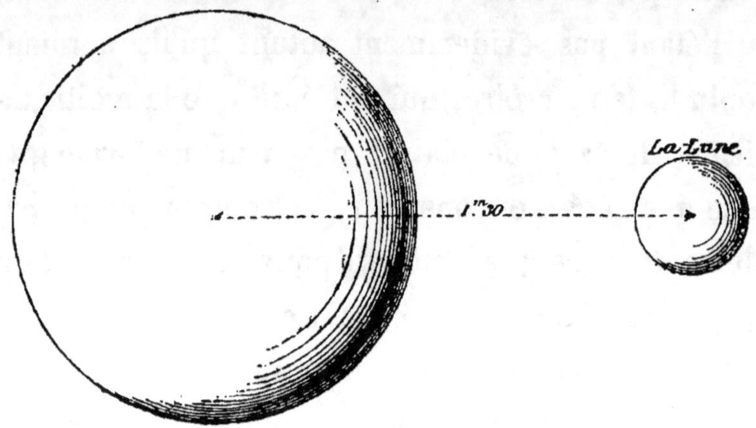

Il faudrait pétrir ensemble quarante-neuf petites boules comme la Lune, pour en faire une grosse comme la Terre. Pour vous donner une idée de la distance qui sépare les deux astres, nous ajouterons que les centres des deux cercles qui les représentent ci-dessus devraient être éloignés de un mètre trente centimètres l'un de l'autre.

Enfin, si l'on voulait figurer le Soleil avec ses dimensions par rapport à la Terre et à la Lune telles que vous les voyez ici représentées, il faudrait décrire un cercle de quatre mètres et dix centimètres de hauteur. Vous voyez que la Lune ne serait pas grand'chose en comparaison, ni même la Terre.

XI

Avez-vous déjà remarqué, mes chers petits amis, qu'un même objet nous paraît d'autant moins gros qu'il est plus éloigné de notre œil?

La petite opération suivante, qui vous a peut-être déjà été indiquée par votre maître de dessin, vous convaincra du fait. Elle vous donnera, en même temps, une explication très-simple de ce que l'on doit entendre par les mots : *grandeur apparente d'un objet,* dont nous allons bientôt avoir à nous servir.

Prenez un crayon, par exemple, dans votre petite main droite; tenez-le dans les quatre grands doigts fermés, de manière à pouvoir faire glisser aisément l'ongle du pouce le long de la partie libre. Tendez le bras droit de toute sa longueur, en amenant la main droite à hauteur de l'œil droit. Puis fermez l'œil gauche. Si vous ne pouvez pas fermer celui-ci sans que l'œil droit se ferme en même temps, mettez votre petite main gauche dessus, de manière à ne regarder qu'avec l'œil droit.

Visez de la sorte un objet quelconque, placé à quelques pas de vous, de manière que l'extrémité supérieure de votre crayon soit bien alignée avec le point le plus élevé de cet objet. Dans cette position, faites glisser tout doucement l'ongle de votre pouce le long du crayon, jusqu'à ce que vous ayez amené le dessus de cet ongle dans l'alignement du point le plus bas de l'objet visé.

La longueur du crayon comprise entre son extrémité libre et votre ongle ainsi placé sera, dans cette position, la grandeur apparente de l'objet par vous visé.

Reculez-vous maintenant de quelques pas, de manière à mettre entre vous et l'objet visé une distance à peu près double de celle qui vous en séparait tout à l'heure, et recommencez.

Vous verrez que, dans cette seconde position, la longueur de crayon représentant, comme tout à l'heure, la grandeur apparente de l'objet visé, ne sera plus guère que la moitié de celle que vous aviez obtenue la première fois.

Ainsi, la grandeur apparente d'un objet diminue à mesure que la distance de cet objet à l'œil augmente. Si la distance devient extrêmement grande, la grandeur apparente deviendra extrêmement petite, même si l'objet est très-gros.

Vous devez comprendre alors qu'il peut arriver parfaitement qu'un corps plus petit qu'un autre, mais plus rapproché de nous que cet autre, nous paraisse plus grand.

C'est effectivement ce qui a lieu, par exemple, pour la Lune et le Soleil.

La Lune, incomparablement moins grosse que le Soleil, nous paraît tantôt plus petite, tantôt plus grande que lui. Cela dépend, à la fois, et de la distance à laquelle elle se trouve de nous, et de la distance à laquelle nous sommes du Soleil. Vous savez, en effet, que ces distances varient l'une et l'autre continuellement. Cela résulte de ce que nous avons dit sur la forme de l'orbite lunaire et sur celle de l'écliptique.

Il peut donc arriver, dans certaines positions de ces deux astres, que la Lune nous cache complétement le Soleil. Il y a alors ce qu'on appelle une *éclipse totale de Soleil*.

10.

En plein jour, par le temps le plus beau quelquefois, on voit tout à coup le Soleil s'obscurcir, disparaître, et la Terre est plongée dans une véritable nuit.

Vous devez imaginer aisément quelle impression un si étrange phénomène devait produire sur les populations ignorantes et, par conséquent, superstitieuses des temps passés, auxquelles on ne pouvait en donner l'explication.

Au temps de Xerxès, dont vous n'êtes pas sans avoir entendu parler déjà, il n'en fallait pas davantage pour faire fuir toute une armée.

Le petit passage suivant d'un livre célèbre de Fontenelle (un de nos plus illustres compatriotes) vous montrera, du reste, qu'il n'est pas besoin de remonter si haut dans l'histoire, pour trouver des peuples entiers complétement affolés par une éclipse de Soleil :

« Dans toutes les Indes orientales, on croit que,
» quand le Soleil et la Lune s'éclipsent, c'est qu'un
» certain dragon, qui a les griffes fort noires, les
» étend sur ces deux astres, dont il veut se saisir.
» Vous voyez, pendant ce temps-là, les rivières
» couvertes de têtes d'Indiens, qui se sont mis dans

» l'eau jusqu'au cou, parce que c'est une situation
» très-dévote, selon eux, et très-propre à obtenir
» du Soleil et de la Lune qu'ils se défendent bien
» contre le dragon.

» En Amérique, on était persuadé que le Soleil
» et la Lune étaient fâchés, quand ils s'éclipsaient.
» Dieu sait ce qu'on ne faisait pas alors pour se rac-
» commoder avec eux. Mais les Grecs, qui étaient
» si raffinés, n'ont-ils pas cru longtemps que la
» Lune était ensorcelée, et que les magiciens la fai-
» saient descendre du ciel, pour jeter sur les herbes
» une certaine écume malfaisante ? Et nous, n'eûmes-
» nous pas une belle peur en 1654, à une certaine
» éclipse totale de Soleil ? Une infinité de gens, à
» Paris, ne se tinrent-ils pas enfermés dans leurs
» caves ? »

Aujourd'hui, ces mêmes éclipses n'excitent plus
guère, dans le monde civilisé, que la curiosité et
l'intérêt, parce qu'on en connaît l'explication, qui
est très-simple, comme vous allez voir.

Les savants ont même trouvé le moyen de les
calculer et de les prédire longtemps à l'avance, à
une seconde près. Sans être vous-mêmes des sa-

vants, vous comprendrez parfaitement, tout à l'heure, leurs procédés.

Nous avons dit plus haut, vous devez vous le rappeler, qu'au moment de la nouvelle Lune, cet astre est placé du même côté de la Terre que le Soleil, et dans la même direction. C'est ce que nous sommes convenus d'exprimer en disant que les deux astres étaient alors *en conjonction*.

Si le plan de l'orbite lunaire était le même que celui de l'écliptique, chaque fois que la Lune est en conjonction avec le Soleil, son centre se trouverait placé sur la ligne qui va du centre de la Terre à celui du Soleil.

Par conséquent, à chaque nouvelle Lune, il y aurait un moment où cette dernière nous cacherait tout ou partie du Soleil, suivant la grandeur apparente de chacun des deux astres à ce moment.

Mais vous savez que le plan de l'orbite lunaire est incliné sur celui de l'écliptique d'un peu plus de 5 degrés. Il en résulte qu'aux époques de conjonction, la Lune est tantôt au-dessus, tantôt au-dessous du plan de l'écliptique.

Ce n'est qu'accidentellement, dans des cas tout particuliers et relativement rares, que le centre de la Lune se trouve sur l'écliptique même, au moment d'une conjonction, ou, si vous voulez, d'une nouvelle Lune.

Quand cela se produit, la Terre, la Lune et le Soleil sont alors placés comme le représente la figure de la page 178.

Si, à ce moment, la grandeur apparente de la Lune est pour nous plus forte que celle du Soleil, comme cela a lieu sur la figure, ce dernier astre devient complétement invisible pour une partie de la surface de la Terre.

Il y a alors *éclipse totale de Soleil* pour ceux qui habitent cette partie de notre planète.

C'est là ce qui aurait lieu pour tous les points de la Terre (v. fig., page 178) situés entre les deux lignes qui touchent à la fois, l'une les bords supérieurs de la Lune et du Soleil, l'autre les bords inférieurs des deux mêmes astres.

Ces points, se trouvant placés dans une zone où ne peut pénétrer aucun rayon solaire, seraient plongés dans une véritable nuit. Ils sont donc justement désignés par ces mots, que vous voyez écrits sur la figure : *Partie obscurcie.*

Dans ce cas, il est à remarquer que, outre ces points, pour lesquels il y a *éclipse totale*, il s'en trouve une infinité d'autres pour lesquels la Lune, ainsi placée, cache seulement une partie du Soleil. On dit alors qu'il y a, pour ces derniers, *éclipse partielle de Soleil*.

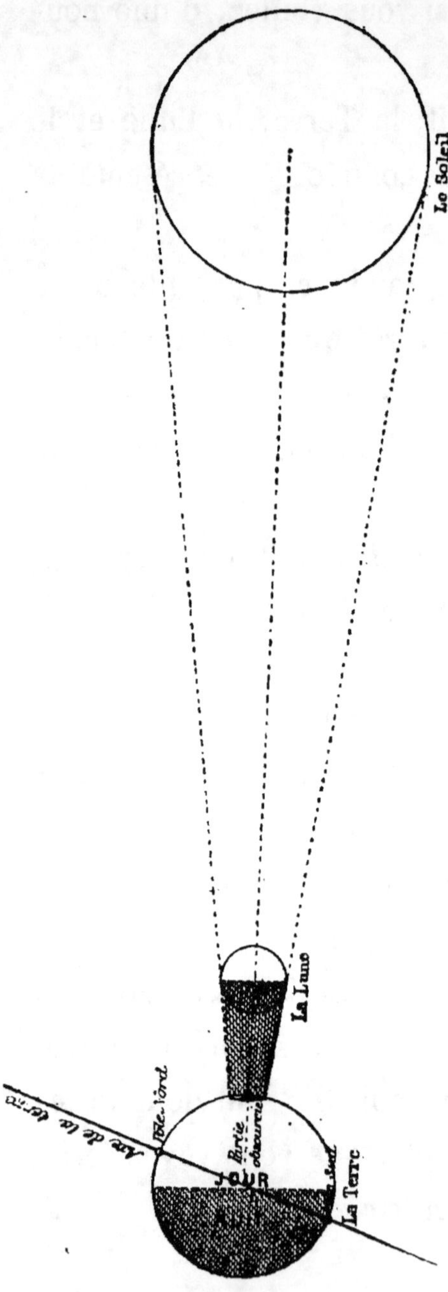

Ainsi, pour le point marqué *Paris,* dans la figure de la page 179, il y aurait éclipse partielle. On ne verrait en effet, de ce point, que la partie du Soleil située au-dessus de la ligne AB, qui, partant de Paris, va raser le bord supérieur de la Lune.

Si vous imaginez que cette ligne, passant toujours par Paris, tourne autour de la Lune en touchant continuellement la surface de cet astre, vous comprendrez que les habitants de notre capitale doivent alors apercevoir le Soleil sous la forme d'un croissant comme celui qui est figuré page 180. Le cercle noir bordé de blanc, et représentant la Lune, est plus grand que celui qui figure le Soleil. Vous ne devez pas en être étonnés, puisque, dans la position de ces deux astres indiquée plus haut, la Lune avait une grandeur apparente plus grande que celle du Soleil.

Enfin, en même temps

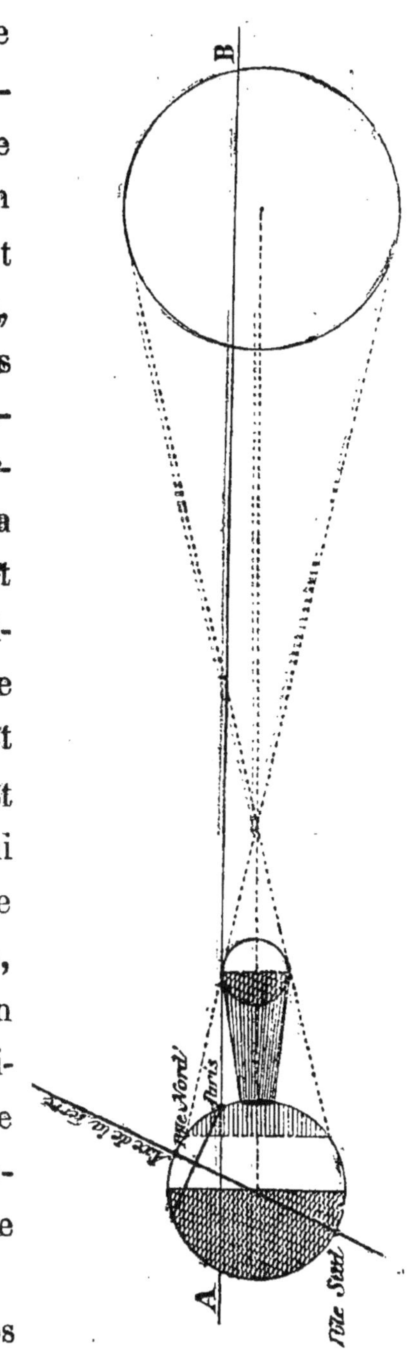

que pour certains points de la Terre il y a éclipse totale, et pour d'autres éclipse partielle, il y a aussi des points, et ce sont les plus nombreux, pour lesquels il n'y a pas éclipse du tout.

Tels sont tous ceux qui sont compris dans la partie restée en blanc sur la figure de la page 179.

Il a pu y avoir éclipse totale ou partielle, pour une partie d'entre eux, avant que la Lune soit arrivée dans la position actuelle; il pourra s'en produire une après pour certains autres. La figure représentée ci-dessous suffit pour le faire comprendre, sans qu'il soit besoin d'y ajouter une explication.

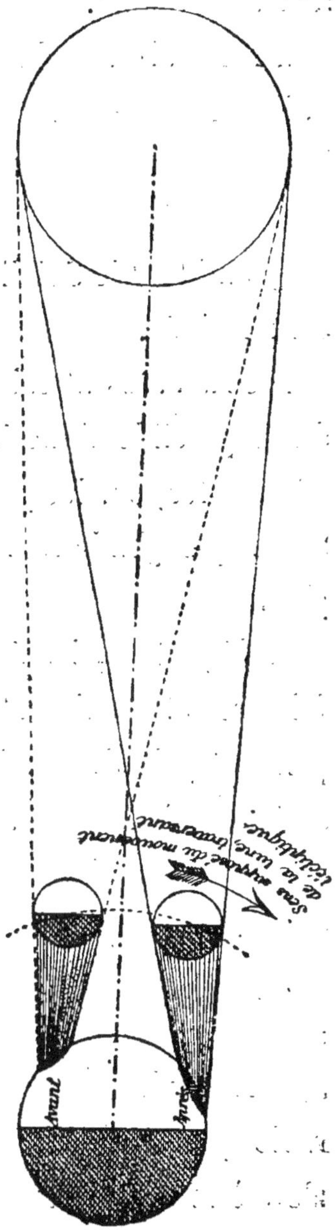

Du reste, quand une éclipse totale se produit pour un point de la Terre, quel qu'il soit, elle commence évidemment par être partielle. Voici, en effet, comment la chose se passe.

La Lune, qui marche dans le ciel treize fois environ plus vite que le Soleil, gagne tout doucement la position dans laquelle elle éclipsera ce dernier, pour le point de la Terre dont il s'agit.

L'éclipse commence au moment où le bord du disque de la Lune paraît toucher le bord du disque du Soleil. On voit alors la Lune empiéter petit à petit sur le Soleil, qui disparaît tout doucement et finit par devenir complétement invisible.

Il reste ainsi caché un certain temps tout entier ; puis la Lune, continuant son mouvement, découvre lentement la partie qui avait été la première cachée, et progressivement l'astre entier.

Quand tout le Soleil est redevenu visible, l'éclipse est terminée.

Les savants ont calculé qu'à Paris, la plus grande durée possible d'une éclipse de Soleil est de 3 heures 26 minutes, sur lesquelles il ne peut y avoir éclipse totale que pendant 6 minutes et 10 secondes, au plus.

A l'équateur, les éclipses peuvent durer près de 4 heures et demie, et il peut y avoir éclipse totale pendant près de 8 minutes, c'est-à-dire qu'il peut se faire qu'on soit 8 minutes environ sans plus rien apercevoir du Soleil, et, par conséquent, dans une obscurité complète.

Si, au moment où se produit une éclipse de Soleil, comme cela vient d'être expliqué, la grandeur apparente de la Lune est pour nous moins considérable que celle du Soleil, ce dernier ne peut plus alors être complétement caché par elle.

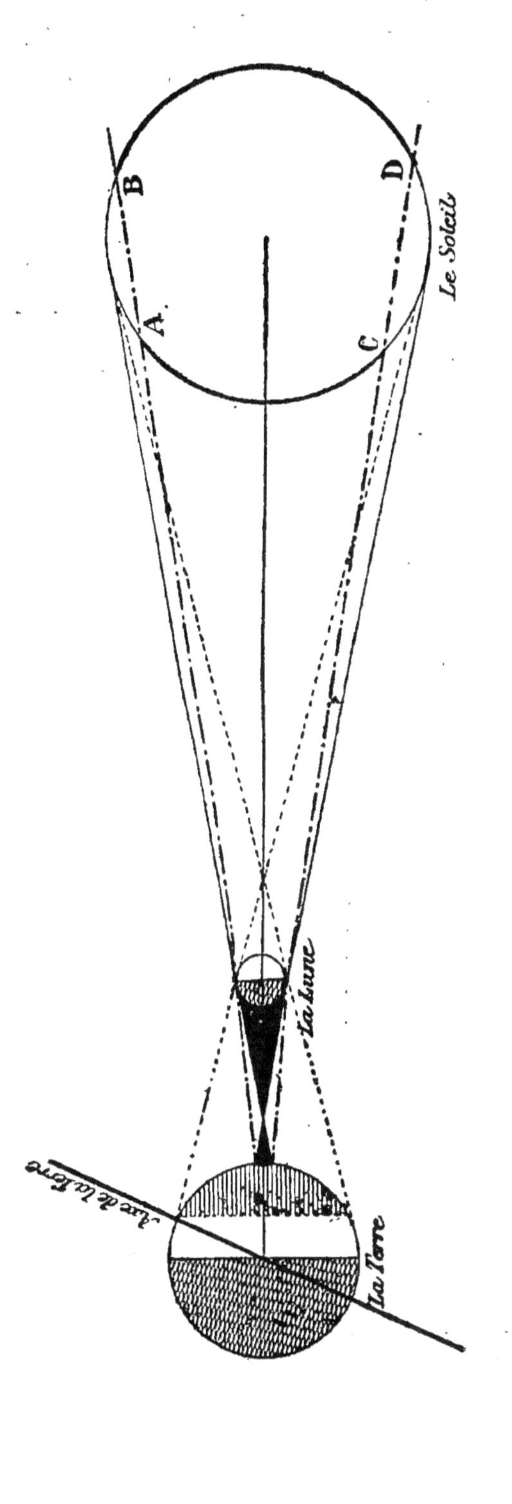
B
A
D
C
Le Soleil
La Lune
Axe de la Terre
La Terre

C'est ce qui a lieu lorsque les trois astres sont placés comme l'indique la figure de la page 183, d'après laquelle la Lune, étant relativement plus éloignée de la Terre que tout à l'heure, nous paraîtrait plus petite que le Soleil.

Il y aurait alors ce qu'on appelle une *éclipse annulaire*, pour les points de la Terre qui sont ici dans la partie noire, au lieu d'y avoir éclipse totale.

Ce nom d'éclipse annulaire vient de ce que le Soleil apparaît alors, pour les points en question, sous la forme d'un anneau brillant comme celui qui est figuré page 185.

C'est bien naturel, puisque, au moment où il devrait y avoir éclipse totale, d'après ce qui a été dit plus haut, la Lune n'étant pas, dans ce cas-ci, assez grosse pour cacher le Soleil tout entier, n'en dérobe à nos yeux que la partie centrale, celle qui, dans la figure de la page 183, est comprise entre les deux lignes marquées AB et CD.

Le reste apparaît alors tout autour de la partie cachée ; ce reste, c'est l'anneau lumineux en question.

Il est bien évident, d'après la figure de la page 183,

que pour les points voisins, il y a seulement éclipse partielle.

Du reste, le phénomène se passe absolument comme pour l'éclipse totale, à cette seule différence près que le Soleil n'est jamais complétement invisible comme tout à l'heure.

Il peut d'ailleurs arriver qu'au moment d'une conjonction, le centre de la Lune, sans être dans le plan même de l'écliptique, en soit assez rapproché pour qu'il y ait éclipse partielle pour de nombreux points de la surface de la Terre, sans qu'il y ait nulle part éclipse totale. Ceci est même le cas le plus fréquent.

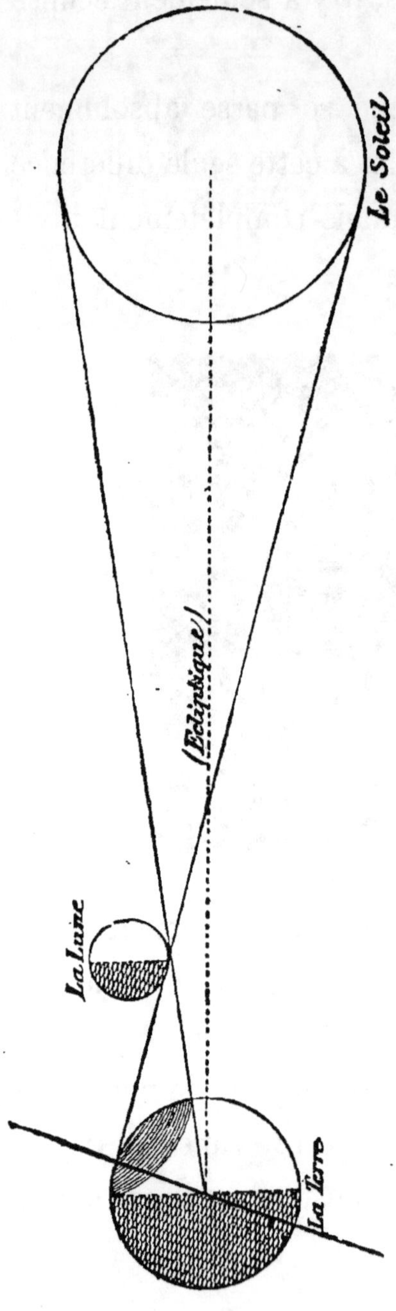

Il n'est presque pas besoin d'une figure pour le faire comprendre.

En voici une pourtant. Vous devez comprendre tout seuls très-aisément que, les trois astres étant ainsi placés, il y aurait éclipse partielle pour tous les points de la partie de la Terre ici teintée par des hachures courbes.

Enfin, il est intéressant de remarquer qu'une même éclipse peut être totale dans un lieu et annulaire dans un autre.

Il suffit pour cela que cette éclipse se produise à une époque où les grandeurs apparentes de la Lune et du Soleil sont à très-peu près égales. Alors, en effet, il suffit qu'un point de la Terre soit un peu plus éloigné de la Lune qu'un autre, pour qu'au premier point la Lune paraisse plus petite que le Soleil, tandis qu'elle est plus grande au second point.

Le premier point peut être Paris, par exemple, et le second un point de l'équateur ; alors, à Paris, il y aura *éclipse annulaire,* et à l'équateur, *éclipse totale* en même temps.

Cela s'est déjà vu, et cela se reverra sans doute encore. Mais c'est évidemment un cas fort rare.

Du reste, les éclipses totales ou annulaires ne sont pas fréquentes, comme vous allez voir.

La dernière éclipse totale a eu lieu le 22 décembre 1870. Elle n'était pas visible en France, où l'on ne songeait guère, du reste, à s'en occuper, en ce moment douloureux. Mais on pouvait y assister en Espagne, en Algérie, en Sicile, en Turquie.

Il n'y en aura plus que trois de cette espèce dans ce siècle. Aucune d'elles ne sera encore visible en France.

La première aura lieu le 19 août 1887 ; on pourra la voir en Allemagne, en Russie et en Asie.

La seconde, qui se produira le 9 août 1896, ne sera visible que près du pôle, en Groënland, en Laponie, en Sibérie.

La dernière, qui sera déjà presque dans le siècle prochain, puisqu'elle aura lieu le 28 mai 1900, ne pourra être vue qu'en Amérique, aux États-Unis, en Espagne, en Algérie et en Asie.

Ainsi donc, pour un même pays, pour le nôtre, par exemple, il n'y en a pas souvent.

La dernière qu'on ait pu voir à Paris a eu lieu en 1847, et encore ce n'était qu'une éclipse annulaire. Il faut remonter jusqu'en 1842 pour trouver une *éclipse totale* visible en France.

Le 8 juillet de cette année 1842, tous les savants français se donnèrent rendez-vous dans le midi de la France pour aller l'observer, car elle était surtout visible dans cette zone.

Le célèbre François Arago, dont il a été question plusieurs fois déjà dans ce qui précède, en a donné, dans son *Astronomie populaire*, un récit détaillé, qui vous intéressera, j'en suis certain. C'est par lui que nous terminerons ce long chapitre.

« Les populations des plus pauvres villages des

» Pyrénées et des Alpes se transportèrent en masse
» sur les points les plus élevés des montagnes, d'où
» le phénomène devait être le mieux aperçu. Elles
» ne doutaient pas, sauf quelques rares exceptions,
» que l'éclipse n'eût été exactement annoncée. Elles
» la rangeaient parmi les événements naturels, ré-
» guliers, calculables, dont le simple bon sens com-
» mandait de ne point s'inquiéter.

» A Perpignan, les personnes gravement malades
» étaient seules restées dans leurs chambres. La
» population couvrait, dès le grand matin, les ter-
» rasses, les remparts de la ville, tous les monticules
» d'où l'on pouvait espérer de voir lever le Soleil.
» A la citadelle, nous avions sous les yeux, outre
» des groupes nombreux de citoyens établis sur les
» glacis, les soldats qui, dans une vaste cour,
» allaient être passés en revue.

» L'heure du commencement de l'éclipse appro-
» chait. Près de vingt mille personnes examinaient,
» des verres enfumés à la main, le globe radieux se
» projetant sur un ciel d'azur. A peine, armés de
» nos fortes lunettes, commencions-nous à aperce-
» voir la petite échancrure du bord occidental du
» Soleil, qu'un cri immense, mélange de vingt mille

» cris différents, vint nous avertir que nous avions
» devancé seulement de quelques secondes l'obser-
» vation faite à l'œil nu par vingt mille astronomes
» improvisés, dont c'était le coup d'essai.

» Une vive curiosité, l'émulation, le désir de ne
» pas être prévenu semblaient avoir eu le privilége
» de donner à la vue naturelle une pénétration, une
» puissance inusitées.

» Entre ce moment et ceux qui précédèrent de
» très-peu la disparition totale de l'astre, nous ne
» remarquâmes, dans la contenance de tant de spec-
» tateurs, rien qui mérite d'être rapporté. Mais,
» lorsque le Soleil, réduit à un étroit filet, com-
» mença à ne plus jeter sur notre horizon qu'une
» lumière très-affaiblie, une sorte d'inquiétude s'em-
» para de tout le monde. Chacun éprouvait le besoin
» de communiquer ses impressions à ceux dont il
» était entouré. De là un mugissement sourd, sem-
» blable à celui d'une mer lointaine avant la tem-
» pête. La rumeur devenait de plus en plus forte à
» mesure que le croissant du Soleil s'amincissait.
» Le croissant disparut enfin.

» Les ténèbres succédèrent subitement à la clarté,
» et un silence absolu marqua cette phase de l'é-

» clipse tout aussi nettement que l'avait fait le pen-
» dule de notre horloge astronomique. Le phéno-
» mène, dans sa magnificence, venait de triompher
» de la pétulance de la jeunesse, de la légèreté que
» certains hommes prennent pour un signe de supé-
» riorité, de l'indifférence bruyante dont les soldats
» font ordinairement profession. Un calme profond
» régna aussitôt dans l'air : les oiseaux avaient
» cessé de chanter.

» Après une attente solennelle d'environ *deux*
» *minutes,* des transports de joie, des applaudisse-
» ments frénétiques saluèrent avec le même accord,
» la même spontanéité, la réapparition des premiers
» rayons solaires.

» Au recueillement mélancolique produit par des
» sentiments indéfinissables, venait de succéder une
» satisfaction vive et franche, dont personne ne
» songeait à contenir, à modérer les élans.

» Pour la majorité du public, le phénomène était
» arrivé à son terme. Les autres phases de l'éclipse
» n'eurent guère de spectateurs attentifs, en dehors
» des personnes vouées à l'étude de l'astronomie.

» Ceux-là mêmes qui, au moment de la dispari-
» tion subite du Soleil, s'étaient montrés le plus

» vivement émus, s'égayèrent le lendemain, et, ce
» me semble, outre mesure, au récit des frayeurs
» que bon nombre de campagnards avaient éprou-
» vées, et dont, au reste, ils ne cherchaient pas à
» faire mystère.

» Pour moi, je trouvai tout naturel que des
» hommes illettrés, à qui personne n'avait dit qu'une
» éclipse devait avoir lieu dans la matinée du
» 8 juillet, eussent montré une grande inquiétude
» en voyant les ténèbres succéder si brusquement à
» la lumière.

» Qu'on ne s'y trompe point, l'idée d'une con-
» vulsion de la nature, l'idée que le moment de la
» fin du monde venait d'arriver, n'est pas ce qui
» bouleversa le plus généralement ces hommes in-
» cultes et naïfs.

» Lorsque je les questionnais sur la cause réelle
» du désespoir qui s'était emparé d'eux, le 8 juillet,
» ils me répondaient sur-le-champ : « Le ciel était
» serein, et, cependant, la clarté du jour diminuait,
» et les objets s'assombrissaient, et tout à coup
» nous nous trouvâmes dans les ténèbres : nous
» crûmes être devenus aveugles. »

» Le *Journal des Basses-Alpes* rapporte, dans son

» numéro du 9 juillet, une anecdote qui me semble
» mériter d'être conservée. Je laisse parler le jour-
» naliste :

» Un pauvre enfant de la commune de Sièyes
» gardait son troupeau. Ignorant complétement
» l'événement qui se préparait, il vit avec inquié-
» tude le Soleil s'obscurcir par degré, car aucun
» nuage, aucune vapeur ne lui donnait l'explication
» de ce phénomène. Lorsque la lumière disparut
» tout à coup, le pauvre enfant, au comble de la
» frayeur, se prit à pleurer et à appeler au secours!...
» Ses larmes coulaient encore, lorsque le Soleil
» donna son premier rayon. Rassuré à cet aspect,
» l'enfant croisa les mains en s'écriant : *O beou
» Souleou!* (O beau Soleil!) »

XII

Outre les éclipses de Soleil, dont vous connaissez maintenant les causes, il y a encore les *éclipses de Lune.*

Bien que ces dernières ne soient pas tout à fait aussi intéressantes que les éclipses de Soleil, elles méritent cependant d'être expliquées. Cela peut, du reste, se faire aisément.

La Lune, comme vous le savez, n'est pas lumineuse par elle-même; elle ne brille à nos yeux que lorsqu'elle est éclairée par le Soleil. Il est donc bien évident que si, dans son mouvement autour de la Terre, cet astre se trouve placé de manière à ne pas recevoir les rayons du Soleil, il cessera de briller. Il y aura alors *éclipse de Lune.*

Cette éclipse sera *totale* si la Lune devient tout

entière obscure. Elle ne sera que *partielle* si une partie seulement de l'astre cesse d'être visible.

Or, de même qu'il peut arriver, au moment d'une conjonction, que le centre de la Lune soit situé sur la ligne même qui va du centre de la Terre à celui du Soleil, de même il peut se faire aussi que, au moment d'une *opposition,* le centre de la Terre vienne rencontrer la ligne qui va du centre du Soleil à celui de la Lune.

Il y aura alors éclipse de Lune, comme cela va vous être expliqué tout à l'heure.

Mais, comme vous pourriez avoir oublié ce que signifie exactement le mot *opposition,* qui vient d'être prononcé, il sera peut-être bon de le définir de nouveau.

On dit que le Soleil et la Lune sont *en opposition* lorsque la Terre est placée entre ces deux astres de telle façon que la direction de la Terre à la Lune et celle de la Terre au Soleil sont opposées. C'est là, vous devez vous le rappeler, ce qui a lieu à l'époque de la pleine Lune.

Si l'orbite lunaire (courbe que la Lune décrit autour de la Terre en vingt-sept jours environ) était dans le plan même de l'écliptique, il est évident qu'à chaque opposition, c'est-à-dire à chaque pleine Lune, le centre de la Terre se trouverait, à un moment donné, exactement placé sur la ligne qui joint les centres du Soleil et de la Lune.

Les trois astres auraient alors précisément la position que voici :

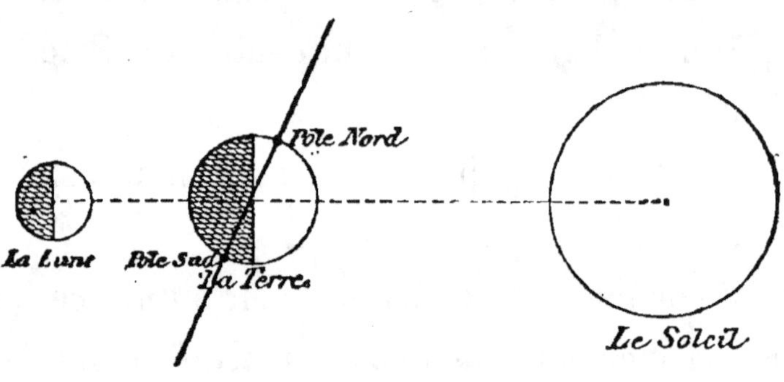

Mais, comme nous l'avons déjà dit bien souvent, il n'en est pas ainsi. Le plan de l'orbite lunaire est incliné de plus de 5 degrés sur celui de l'écliptique. Il en résulte qu'au moment d'une pleine Lune, le centre de cet astre peut être aussi bien au-dessus ou au-dessous de l'écliptique que sur le plan même de cette courbe.

Quand il est sur l'écliptique même, ou très-voisin du plan de l'écliptique, il y a alors éclipse de Lune. C'est la seconde raison qui a fait donner ce nom d'*écliptique* à la courbe décrite annuellement par la Terre autour du Soleil.

Voyons maintenant comment cela s'explique. Représentons la Terre et le Soleil par les deux boules d'inégale grosseur ci-contre.

La Terre reçoit une partie des rayons de lumière que le Soleil envoie dans toutes les directions. Comme elle est opaque, il est bien évident qu'elle les arrête et que par conséquent ces rayons ne peuvent rien éclairer derrière elle.

Si vous supposez, par exemple, que la Terre et le Soleil soient tous deux dans un grand cornet comme celui qui est représenté sur la figure ci-contre, vous

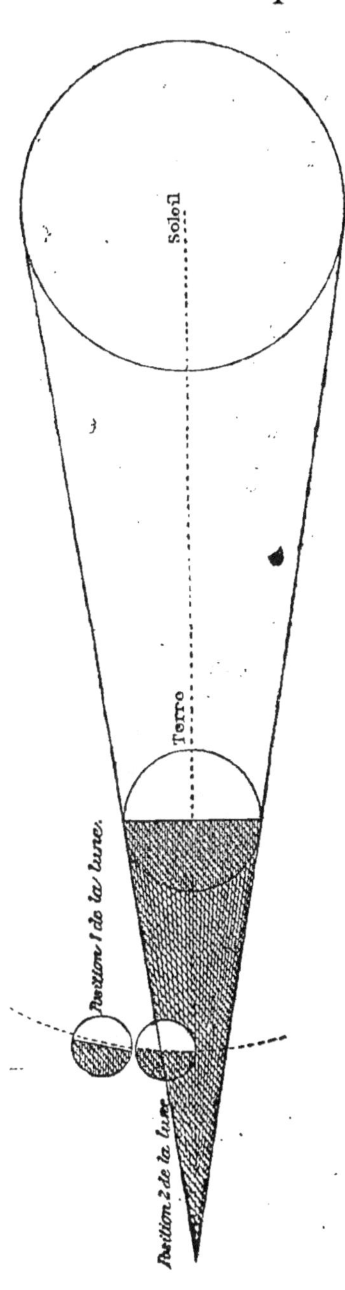

devez comprendre que les rayons du Soleil, arrêtés par la Terre, ne peuvent pénétrer dans la partie de ce cornet qui est en noir.

Par conséquent, si la Lune vient se placer dans cette partie du cornet, elle ne pourra plus recevoir les rayons du Soleil. La Terre l'en empêchera.

Or, tant que la Lune était dans la position 1, qui est justement celle qu'elle occupe aux environs de la pleine Lune, elle nous apparaissait sous la forme d'un disque brillant, puisqu'elle tournait précisément vers la Terre sa moitié éclairée par le Soleil.

Si, en exécutant son mouvement autour de la Terre, elle vient prendre la position 2, qu'arrivera-t-il? La partie de cet astre située à l'intérieur du cornet, ne recevant plus les rayons du Soleil, ne brillera plus. La Lune nous apparaîtra alors telle qu'elle est représentée page 198.

Il y aura *éclipse partielle de Lune.*

A mesure que la Lune s'enfoncera de plus en plus dans le cornet, la partie éclipsée deviendra de plus en plus grande. Si elle vient se placer de manière que son centre soit sur l'axe du cornet, c'est-à-dire sur le prolongement de la ligne qui joint le centre du Soleil à celui de la Terre, elle sera tout entière éclipsée. Il y aura *éclipse totale de Lune.*

Le calcul démontre que la Lune est assez petite et assez rapprochée de la Terre pour qu'elle soit tout entière dans le cornet, lorsqu'elle vient rencontrer l'écliptique même au moment d'une opposition, et par suite qu'il doit y avoir éclipse totale à chaque fois que cela aura lieu.

La Lune pénétrant alors peu à peu dans le cornet, son disque présente d'abord une légère échancrure, comme cela est figuré page 199.

Cette échancrure va en augmentant doucement jusqu'au moment où la Lune entière est éclipsée; alors on ne voit plus rien.

Au bout de quelque temps, la Lune sort par l'autre côté du cornet; on en voit d'abord un tout petit croissant, comme celui-ci :

Ce croissant grandit peu à peu, et finalement la Lune entière reparaît.

Il y a une remarque importante à faire pendant la durée d'une éclipse de Lune; c'est que le bord de l'échancrure est toujours bien arrondi, ce qui est une preuve évidente de la forme ronde de la Terre, comme vous le comprenez parfaitement tout seuls.

Vous vous rendrez compte également avec facilité qu'un peu avant de pénétrer dans le cornet noir, et un peu après en être sortie, la Lune doit avoir perdu un peu de son éclat, parce que la Terre, avant de la priver complétement des rayons du Soleil, commence par l'empêcher d'en recevoir une partie.

Ainsi déjà dans la position 1, où la Lune n'est pas encore éclipsée, il est évident qu'elle ne reçoit plus les rayons venant de la partie du Soleil située en dessous de la ligne pointillée, qui touche à la fois le bord supérieur de la Lune et le bord supérieur de la Terre. A mesure qu'elle se rapproche du cornet noir, la

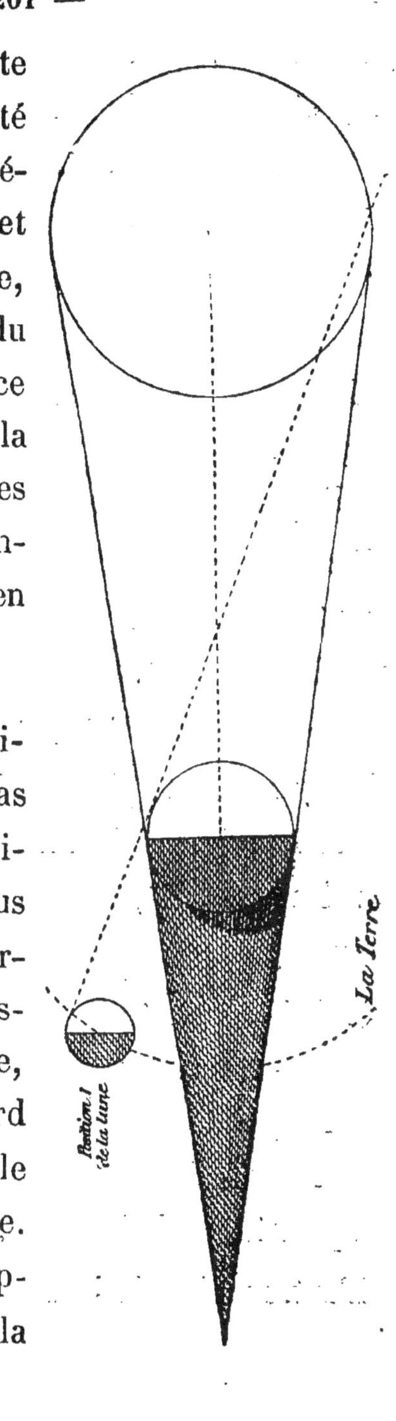

quantité de lumière qu'elle reçoit du Soleil diminue, et par conséquent son éclat brillant s'affai-
blit de plus en plus.

La même chose a lieu en sens inverse quand elle
sort du cornet noir, c'est-à-dire quand l'éclipse pro-
prement dite est terminée.

Enfin, lorsque la Lune est éclipsée, c'est, d'après
ce qui précède, parce que la surface brillante de
son disque est réellement obscurcie.

Par conséquent, l'éclipse a lieu au même instant
pour tous les points de la Terre qui peuvent voir la
Lune à cet instant.

Si cela n'est pas *à la même heure* à Paris et à Suez,
cela tient tout simplement à ce que les horloges des
différents points de la Terre n'ont pas la même heure
au même moment, comme nous l'avons expliqué en
commençant.

Mais il n'en est pas moins vrai qu'une éclipse de
Lune commence au même instant exactement pour
tous les points de la moitié de la Terre qui peuvent
apercevoir la Lune à cet instant. La même chose a
lieu pour la fin de l'éclipse.

L'autre moitié de la Terre, qui est placée de manière à ne pas voir la Lune, n'aperçoit pas l'éclipse naturellement.

C'est donc, comme vous le voyez, très-différent de ce qui a lieu pour les éclipses de Soleil, qui sont en même temps visibles pour certains points et invisibles pour d'autres, parce qu'elles proviennent de la position de l'astre éclipsant par rapport à ces points, et non d'un obscurcissement réel de l'astre éclipsé, c'est-à-dire du Soleil.

D'après tout ce qui précède, vous savez maintenant que les éclipses de Soleil et de Lune dépendent uniquement de la position de ces deux astres par rapport à la Terre.

Connaissant les lois de leur mouvement, les astronomes ont pu établir des *tables*, des espèces de dictionnaires, au moyen desquels on connaît à l'avance les positions exactes du Soleil et de la Lune dans le ciel à une époque quelconque, passée ou à venir.

Il leur est donc on ne peut plus facile de prédire exactement non-seulement les époques des éclipses, mais encore les particularités que doit présenter chacune d'elles.

Mais ce moyen n'a pu être employé par les anciens,

qui ne savaient pas établir des tables du Soleil et de la Lune, comme celles dont se servent les savants modernes.

Cependant il est certain qu'ils prédisaient les éclipses.

Il est d'autant plus intéressant d'apprendre comment ils s'y prenaient pour cela, qu'on se sert encore aujourd'hui de leur procédé pour établir, en quelque sorte, une première liste des éclipses possibles. Chacune d'elles est alors étudiée séparément par les savants, qui, à l'aide de leurs tables et d'ingénieux calculs, parviennent à en déterminer exactement le moment et les particularités.

Voici donc le principe de la méthode suivie par les anciens.

Les éclipses, comme nous l'avons dit, ne peuvent se produire que lorsque la Lune est en conjonction ou en opposition avec le Soleil, c'est-à-dire qu'aux moments des nouvelles ou des pleines Lunes.

Or, deux pleines Lunes (ou deux nouvelles Lunes) sont séparées par un intervalle que nous avons appelé le mois lunaire, et qui est en ce moment de vingt-neuf jours cinquante-trois centièmes de jour.

Par conséquent, quand une éclipse aura lieu, il est certain qu'elle ne pourra se reproduire qu'après un nombre exact de mois lunaires, c'est-à-dire après un nombre exact de fois vingt-neuf jours cinquante-trois centièmes de jour.

En outre, pour que cette éclipse se reproduise, il faudra aussi que le Soleil soit revenu à la même position par rapport aux points où la Lune traverse l'écliptique, points que nous avons appelés les *nœuds de la Lune.*

Or, on sait parfaitement que le Soleil met trois cent quarante-six jours et soixante-deux centièmes de jour pour revenir à un même nœud, après l'avoir quitté.

Par conséquent, l'éclipse ne pourra se reproduire qu'au bout d'un nombre exact de fois trois cent quarante-six jours soixante-deux centièmes de jour.

Ainsi donc, pour qu'une éclipse qui a eu lieu se reproduise, il faudra qu'il s'écoule un intervalle de temps qui soit égal, *d'une part,* à un nombre exact de fois vingt-neuf jours cinquante-trois centièmes de jour, et, *d'une autre part,* à un nombre exact de fois trois cent quarante-six jours soixante-deux cen-tièmes de jour.

Le plus petit intervalle de temps remplissant ces deux conditions est de dix-huit ans et onze jours. Les Chaldéens étaient arrivés à s'apercevoir de cela, et ils avaient donné à cette période le nom de Σαρος (Saros).

Il leur suffisait donc d'avoir observé toutes les éclipses qui s'étaient produites dans une de ces périodes, pour en prévenir le retour au bout de dix-huit ans et onze jours, et ainsi de suite indéfiniment.

Cela n'était pas complétement exact toutefois. Ainsi, il peut arriver qu'une éclipse très-petite ne se reproduise pas du tout après une période de dix-huit ans et onze jours, de même qu'il peut se produire une éclipse partielle dix-huit ans et onze jours après une époque où il n'y en avait pas eu du tout.

Mais enfin, bien qu'imparfait, ce moyen avait cependant une réelle valeur, puisque, comme cela a déjà été dit tout à l'heure, on s'en sert encore aujourd'hui, pour ébaucher le calcul qui sert à établir le moment précis de chaque éclipse.

Il est évidemment superflu de vous faire remarquer que, si les astronomes peuvent prédire avec la plus complète exactitude les éclipses futures, ils doivent aisément arriver à indiquer de même la date précise des éclipses passées.

Leur science est alors parfois d'un utile secours pour l'histoire, comme vous allez le comprendre aisément, à l'aide de l'exemple suivant.

Hérodote (qui est, comme vous le savez, un des plus anciens historiens dont les écrits nous soient parvenus) raconte que pendant une bataille engagée entre les Mèdes et les Lydiens, il arriva une éclipse totale de Soleil qui frappa de terreur les deux armées. Ceci amena un arrangement pacifique entre les deux nations.

La date de cette éclipse est donc une date importante dans l'histoire de ces deux peuples. Il est par suite intéressant de la connaître exactement; on aura de la sorte un point de repère qui pourra être d'une grande utilité pour le classement des événements de ce temps-là.

Pline et Cicéron s'accordaient à placer l'événement à une date qui correspondrait pour nous à l'année 585 avant Jésus-Christ.

D'autres historiens ont prétendu que c'était en 583, d'autres en 601, d'autres en 603, etc.

Qui avait raison? En quelle année avaient réellement eu lieu la bataille indiquée par Hérodote et la paix qui l'avait suivie?

Les calculs des astronomes modernes ont permis de répondre à la question avec la plus complète exactitude.

Ils ont commencé par démontrer qu'il n'y avait pas eu d'éclipse à laquelle ce que disait Hérodote pût s'appliquer antérieurement à 629, ni postérieurement à 525.

Ces limites posées, ils ont prouvé que la date exacte correspondant à une éclipse totale dans l'Asie mineure, où les deux armées ennemies se rencontrèrent, est le 30 septembre 610 avant Jésus-Christ.

Ainsi se trouve réglé par le calcul, par l'astronomie, un point d'histoire ancienne sur lequel les opinions avaient tant varié.

XIII

Nous avons déjà parlé bien longuement de la Lune, n'est-ce pas, mes chers enfants?

Nous ne serions cependant pas près d'avoir fini, si nous voulions entreprendre d'examiner, une à une, les innombrables questions que son voisinage suggère aux habitants de notre planète. La Lune est-elle un monde comme le nôtre? — Est-elle habitée ou habitable? — Y a-t-il de l'eau à sa surface? — Y a-t-il autour d'elle une atmosphère, comme celle qui enveloppe la Terre? — Existe-t-il des volcans dans la Lune, comme certains savants le prétendent? — La Lune exerce-t-elle réellement une action sur les hommes, sur les malades, sur ceux que nous appelons des lunatiques? — Est-ce qu'elle a une influence sur les changements de temps? — La Lune de mai, si vulgairement connue et redoutée sous le nom de *Lune rousse,* jouit-elle de propriétés particulières malfaisantes ? — etc., etc., etc.

Mais cela nous mènerait beaucoup trop loin. Ce volume n'y suffirait pas.

Nous nous contenterons donc de répondre, sans plus de détails, que l'on a pris l'habitude de faire intervenir mal à propos notre bon gros satellite dans une foule de choses où il n'a que faire ; que tout tend à prouver qu'il n'y a pas d'eau sur la Lune, et qu'il n'y a pas non plus d'atmosphère autour d'elle ; d'où il résulte que, s'il existe des habitants à sa surface, ils ne sont à coup sûr pas organisés comme les hommes et les animaux terrestres.

Quant à l'influence de la Lune sur le vent, sur la pluie, sur le beau et le mauvais temps, elle est niée par les savants les plus consciencieux et les plus compétents. En dépit des dictons populaires, il est donc sage de refuser d'y croire. Si elle existe réellement, ce qui n'est pas vraisemblable, on finira bien par l'expliquer. Mais avant de chercher cette explication, il faudrait d'abord prouver la réalité de la chose, ce qu'on n'a pas encore pu faire.

En revanche, il se produit régulièrement, chaque jour, à la surface de la Terre, un phénomène important, dans lequel l'intervention de la Lune n'est pas niable. C'est le phénomène des *marées*.

Nous terminerons la partie de ce petit ouvrage relative à la Lune par l'explication de ces marées, dont les savants peuvent aujourd'hui prédire exactement, longtemps à l'avance, l'heure et la hauteur en un point donné, tout comme ils prédisent les éclipses de Lune et de Soleil.

Il convient, tout d'abord, d'indiquer en quoi consiste exactement le phénomène des marées. Ceux d'entre vous qui habitent les bords de l'océan Atlantique ou de la mer de la Manche, et ceux qui vont passer sur ces côtes une partie de leurs vacances pour y prendre les bains, ont pu l'observer eux-mêmes. Mais il y en a bien quelques-uns qui, n'ayant jamais vu la mer, ont le droit de l'ignorer. Il faut donc commencer par le leur apprendre.

Supposons que nous nous promenions ensemble sur la côte française qui fait face à l'Angleterre, dans les environs de Boulogne, par exemple.

Nous marchons en causant sur la plage, jusqu'à ce que nous soyons rendus tout près de l'eau, de manière que la vague vienne baigner, en mourant, l'extrémité de nos pieds, et nous nous arrêtons.

Nous continuons notre conversation sans plus prendre garde à la mer, et au bout de quelques minutes, en regardant la pointe de nos bottines, nous sommes tout étonnés de nous apercevoir que la mer n'est plus là.

Elle s'est retirée, et, pour la rejoindre, il nous faut faire en avant dix, douze ou quinze pas, quelquefois beaucoup plus, quelquefois moins; cela dépend de la forme de la plage.

Surpris de ce phénomène, nous nous mettons à la poursuite de la mer, qui se retire progressivement devant nous. Il pourra nous arriver d'aller ainsi fort loin, mais dans tous les cas, sur toutes les plages, au bout d'un certain temps, la mer nous paraîtra s'arrêter dans son mouvement de retraite, et, quelques minutes après, elle commencera à s'avancer vers nous.

Nous serons obligés de reculer pour ne pas avoir les pieds dans l'eau.

Nous reculons, nous reculons sans cesse ; c'est la mer qui nous poursuit à son tour. Sur certaines plages, elle nous poursuivrait même assez vite pour qu'en courant de toutes nos forces, nous ne puissions parvenir à la fuir ; nous serions attrapés par elle, et presque certainement submergés et noyés. Mais ce dernier cas est exceptionnel ; le fait constant est que la mer, revenant sur ses pas, nous oblige à reculer.

Prenez votre montre ; comptez le temps que dure cette reculade ; vous verrez qu'il est de six heures et quelques minutes.

Au bout de ce temps, la mer paraît s'arrêter, puis recommencer à reculer à son tour, comme précédemment, et son mouvement de retraite dure également six heures et quelques minutes environ, comme son mouvement en avant.

Revenez le lendemain, ce sera la même chose, et ainsi de suite tous les jours de l'année.

Seulement, vers les époques de la pleine et de la nouvelle Lune, vous pourrez constater que le mouvement de va-et-vient de la mer est plus prononcé qu'à l'ordinaire, de sorte qu'il est le plus grand aux jours des oppositions ou des conjonctions, que nous avons désignées collectivement plus haut sous le nom de *syzygies*.

Pendant tout le temps que la mer se retire sur une plage, on dit que la marée *baisse* en ce point, parce que, effectivement, le mouvement de retraite observé et nommé le *reflux* vient de ce que le niveau des eaux de la mer s'abaisse. Vous devez parfaitement comprendre cela tout seuls.

Quand elle est arrivée au bout de son mouvement de retraite, on dit que la *marée est basse*. La mer reprenant son mouvement en avant sur la plage, on dit que la marée *monte,* parce que effectivement le niveau de l'eau s'élève. Enfin, quand la marée a terminé son mouvement ascendant, qu'on appelle le *flux,* on dit que la marée est *haute,* ou plus simplement que c'est l'*heure de la marée.*

Il a dû suffire de remarquer que les plus hautes marées se reproduisaient régulièrement à l'époque des syzygies, c'est-à-dire aux pleines Lunes et aux nouvelles Lunes, pour soupçonner l'intervention de notre satellite dans ce singulier phénomène, qu'un ancien appelait avec désespoir *le tombeau de la curiosité humaine.*

Ce pauvre ancien serait bien étonné, s'il pouvait revivre de nos jours. Il serait obligé de convenir que ce n'est pas chose facile à enterrer que la curiosité humaine. Et cependant, il avait bien raison de considérer les marées comme un phénomène dont l'explication n'était pas facile à trouver, car il a fallu le génie de Newton et celui de Laplace pour la donner.

Maintenant qu'on la connaît, elle paraît toute simple. Il en est, du reste, toujours ainsi. Ce qu'on ignore semble horriblement difficile; dès qu'on le sait, il n'en est plus de même : on est tout étonné quelquefois d'avoir eu un peu de peine à l'apprendre.

Le premier qui ait vaguement soupçonné l'intervention directe de la Lune dans le mouvement journalier de la mer est ce même savant allemand nommé Képler, dont nous avons déjà parlé au sujet de la découverte des lois qui régissent le mouvement des planètes autour du Soleil. Galilée, dont nous avons raconté l'histoire, se moqua beaucoup de cette première intuition de Képler, et la traita même de « *sotte rêverie* ».

Le mot était dur, pour le moins.

Il y avait peut-être bien un peu de jalousie, dans le sentiment qui le dicta. C'est que, voyez-vous, mes chers enfants, les savants ont beau être des savants, ils sont avant tout des hommes, et, chose regrettable sans doute, mais cependant bien certaine, ils ont leurs passions tout comme les autres. S'ils n'en avaient pas, ce ne serait plus des hommes, ce serait presque des dieux.

L'Allemagne avait perdu Képler, et l'Italie Galilée, lorsque l'Angleterre enfanta Newton, qui devait les surpasser tous les deux.

Un jour, dit la légende, que Newton, depuis si célèbre, était tranquillement assis à l'ombre d'un pommier, une pomme se détacha de l'arbre et vint tomber sur le nez du rêveur. Désagréablement surpris, au premier abord, par ce choc inattendu, Newton se remit bien vite et reprit philosophiquement sa position sous le pommier. Mais, en homme habitué à chercher la raison de toute chose, il se prit à réfléchir.

Il se demanda, sans doute, pourquoi et comment il se faisait qu'une pomme ainsi détachée tout à coup

Newton.

par quelque cause insignifiante tombait, et tombait avec assez de force pour pouvoir faire mal, car il paraît que celle qui l'avait atteint lui avait fait mal.

Personne ne l'avait lancée cependant, car il n'y avait pas même un oiseau dans le pommier, et pourtant la pomme était tombée. Pour tomber, il fallait donc qu'elle fût attirée vers la Terre par quelque chose, par la Terre elle-même, peut-être. Mais, si la Terre pouvait attirer une pomme, elle devait attirer de même tout le reste : pourquoi n'exercerait-elle pas une action analogue sur le Soleil et sur la Lune, par exemple ? Et alors, si la Terre attirait le Soleil, ne devait-il donc pas aussi, lui, attirer la Terre ? Tous les astres enfin ne s'attiraient-ils pas les uns les autres ?

C'en était fait ; grâce à cette bienheureuse pomme, venant ainsi réparer, en partie, le mal causé par celle qui séduisit notre mère Ève dans le paradis terrestre, Newton était en présence d'un des plus grands problèmes de la nature.

Fort heureusement, il était de taille à le résoudre, et il le résolut. A force de travail et de génie, le célèbre Anglais parvint en effet à établir, à démontrer les lois fécondes et relativement simples de l'attraction universelle, que nous résumerons comme il suit :

PREMIÈRE LOI. — *Tous les corps s'attirent les uns les autres.*

Ainsi, chacune des innombrables étoiles que vous voyez au ciel attire toutes les autres et est attirée par elles dans des sens divers. Le Soleil, qui n'est qu'une de ces étoiles, subit de la part de chacune d'elles et exerce en retour sur elle une action pareille. Il attire également les planètes, particulièrement la Terre, et est, bien entendu, attiré par elles. Cette Terre agit de même sur tous les corps de l'univers. Quand l'un d'eux se trouve assez rapproché du centre de la Terre pour être plus puissamment attiré par elle que par les autres astres, il tombe à sa surface, comme la pomme de Newton.

Cette attraction terrestre, cas particulier de l'attraction universelle, est nommée *pesanteur.* Le poids d'un corps est donc, en quelque sorte, la mesure de la quantité d'attraction exercée par la Terre sur ce dernier.

Tous les corps relativement petits qui tombent

ainsi à la surface de la Terre, ou qui y séjournent, s'attirent aussi les uns les autres. Si nous ne les voyons pas ordinairement manifester cette attraction réciproque en se rapprochant les uns des autres, c'est que, pour exécuter de semblables mouvements, il leur faudrait vaincre des résistances plus fortes que l'intensité de leurs attractions mutuelles réunies. Ces résistances ont, en général, leur source dans la pesanteur même. Quand on parvient à les supprimer, l'attraction mutuelle de deux corps quelconques se manifeste comme il vient d'être dit.

DEUXIÈME LOI. — *Quand un corps contient deux, trois, quatre... dix fois plus de matière qu'un autre corps, l'attraction exercée par le premier est deux, trois, quatre... dix fois plus puissante que celle exercée par le second.*

Ainsi, une balle de plomb d'un diamètre donné contient environ trente fois plus de matière qu'une balle de liége de la même grosseur, ce qui se traduit par ce fait que la balle de plomb pèse environ trente fois plus que la balle de liége. Eh bien, d'après cette seconde loi, une balle de plomb exercera, toutes choses égales d'ailleurs, une attraction trente fois plus forte environ qu'une balle de liége de mêmes dimensions.

Troisième loi. — *L'attraction exercée par un corps sur un autre corps diminue à mesure que la distance qui sépare les deux corps augmente. Lorsque cette distance devient deux, trois, quatre... dix fois plus grande, l'attraction devient deux fois deux, trois fois trois, quatre fois quatre... dix fois dix... fois plus faible.*

C'est là une loi très-importante dans l'étude du mouvement des planètes, par exemple, puisqu'il peut arriver que la distance d'une planète à une autre varie du simple au double, ce qui fait varier leur attraction mutuelle dans la proportion de quatre a deux.

Quatrième loi. — *Quand un corps a la forme sphérique, comme une boule, il attire et il est attiré comme s'il était tout entier condensé à son centre.*

Cela n'est vrai toutefois qu'à la condition que la boule soit composée de telle manière qu'une moitié prise au hasard, contienne exactement la même quantité de matière que l'autre moitié.

Ainsi cela ne serait plus vrai pour une boule dont un côté serait en plomb et l'autre en liége, parce que dans la moitié en plomb il y aurait beaucoup plus de matière que dans la moitié en liége.

Mais la Lune, la Terre et le Soleil, auxquels nous voulons faire une application des lois qui précèdent, sont de grosses boules qui remplissent à peu près la condition ci-dessus énoncée. Nous pourrons donc admettre que l'attraction mutuelle des trois astres s'exerce comme si chacun d'eux était tout entier concentré à son centre.

Ces quatre fameuses lois sont, en définitive, assez simples, comme vous voyez. Seulement, vous ne comprenez peut-être pas très-bien, jusqu'à présent, comment elles peuvent servir à expliquer le phénomène des marées, à propos duquel nous les avons énoncées.

Revenons donc à ce phénomène. Pour rendre son explication plus facile, supposons d'abord, pour quelques instants, que la surface de la Terre soit *encore* entièrement recouverte par les eaux de la mer. Nous disons : « *encore* » parce que certains savants, qu'on appelle des géologues, assurent qu'il en était ainsi autrefois : il y a, bien entendu, fort longtemps de cela, des milliers et des milliers d'années.

D'après notre supposition, la Terre aura la forme d'une grosse boule d'eau : la surface sera, par conséquent, parfaitement lisse. L'eau y sera retenue en place par son poids même, dont la direction, en chaque point, sera celle d'une ligne passant par ce point et par le centre de la Terre. Ce serait aussi celle que suivrait un corps tombant en ce point, si aucune cause extérieure ne venait le déranger dans sa chute.

Ceci posé, figurons l'équateur, c'est-à-dire le cercle contenant tous les points de la Terre également distants de ses deux pôles. Prenons sur cet équateur un point quelconque de la surface terrestre, par exemple le point près duquel vous voyez la lettre A, et voyons ce qui se passerait en ce point, si la Lune exécutait son mouvement ordinaire autour de notre planète, en restant dans le plan de l'équateur.

D'après les lois de l'attraction universelle énoncées ci-dessus, lorsque la Lune sera dans la première

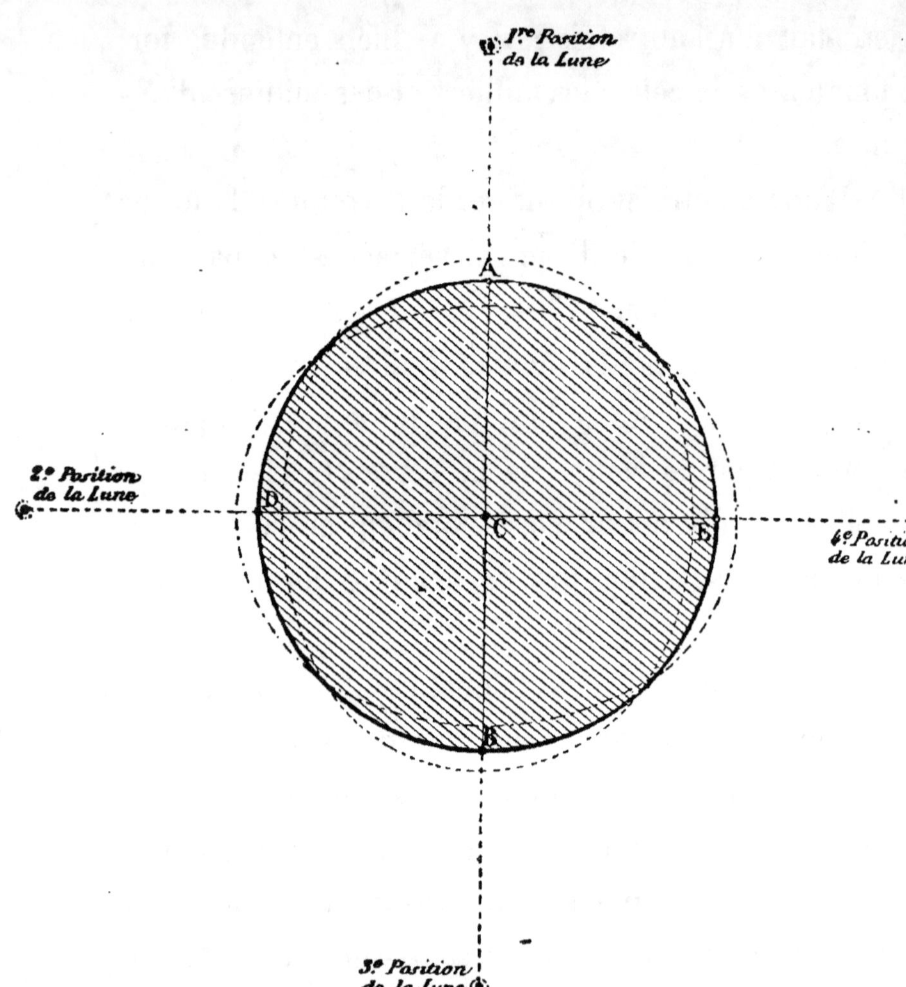

position ici figurée, elle agira sur la Terre comme
si elle était tout entière concentrée en son centre,

représenté par le gros point noir, près duquel sont écrits ces mots : 1re *position de la Lune*.

Alors les divers points de l'équateur terrestre, étant inégalement distants de ce centre, devront être inégalement attirés vers lui. Ceux qui sont situés sur la ligne qui va du point D au point E, étant à peu près à la même distance de la Lune que le centre C de la Terre, seront sensiblement attirés avec la même force que ce centre lui-même, c'est-à-dire que l'ensemble de la Terre.

Mais le point A, qui est plus rapproché de la Lune que les points précédents, sera plus fortement attiré qu'eux, et le point B, au contraire, le sera moins, puisqu'il est plus éloigné.

Comme tous ces points peuvent se déplacer facilement les uns par rapport aux autres, puisque la surface est liquide, ils se déplaceront, en effet, et la surface terrestre se déformera légèrement. L'équateur, par exemple, au lieu de conserver la forme d'un cercle, prendra la forme d'une ellipse, comme celle que vous voyez figurée en ligne pointillée ; et la boule terrestre entière, au lieu de rester bien ronde, sera de la sorte allongée dans le sens de la ligne qui va du centre de la Terre à celui de la Lune (*position* 1).

Le niveau des eaux aura donc monté au point A, au point B et dans leur voisinage. Il se sera abaissé, au contraire, près des points D et E.

Mais supposons maintenant la Lune dans la deuxième position, tout sera changé.

Le point D sera alors le plus attiré, et le point E le moins attiré vers la Lune. La déformation de la surface terrestre aura lieu dans un autre sens, l'allongement se produisant toujours suivant la ligne qui va du centre de la Terre à celui de la Lune.

L'équateur terrestre aura alors la forme elliptique figurée par la ligne formée de points ronds et de petits traits longs alternativement disposés.

Le niveau des eaux se sera élevé en D et en E cette fois-ci, et il aura baissé au contraire en A et en B. C'est tout l'inverse de ce qui avait lieu quand la Lune était dans la première position.

Les savants ont calculé qu'entre les deux niveaux de l'eau existant en chacun de ces points (au point A, par exemple), dans les deux cas qui viennent d'être examinés, la différence serait de 50 centimètres environ.

Lorsque la Lune sera dans la 3ᵉ position, la surface de la Terre aura de nouveau la forme qu'elle
avait quand la Lune occupait la position 1.

De même, à la position 4 de la Lune, correspondra
une forme de l'équateur terrestre identique avec celle
que lui avait fait prendre la Lune dans sa deuxième
position. Vous devez, évidemment, comprendre cela
tout seuls.

Vous voyez donc que pendant le tour complet
de la Lune autour de la Terre, le niveau des eaux,
en un point quelconque de l'équateur (tel que le
point A), se sera élevé et abaissé deux fois. Vous
devez, en outre, vous rendre compte aisément
qu'aux pôles le niveau sera resté constant, et que
pour un point quelconque de la Terre situé entre
l'équateur et l'un des pôles, la variation du niveau
des eaux aura été d'autant plus petite que le point
considéré est plus rapproché du pôle.

Dans ce qui précède, nous avons supposé que
la Lune faisait le tour de la Terre en se mouvant
dans le plan de l'équateur. Lorsque cela n'a pas
lieu, les oscillations du niveau des eaux en un
point de l'équateur, au point A par exemple, ne se
produisent pas moins comme il vient d'être indiqué;

seulement, elles sont un peu moins grandes. Quand on est d'une certaine force en mathématiques, cela se démontre aisément ; on prouve en même temps que, dans ce cas, les deux élévations de niveau qui se produisent le même jour en un point de la Terre situé entre l'équateur et les pôles sont différentes. La plus forte est celle qui a lieu lorsque la Lune est au-dessus de l'horizon, au moment de son passage au méridien, c'est-à-dire lorsque la Lune est située du même côté du centre de la Terre que le point considéré, comme le montre la figure de la page 224, pour le point A, quand la Lune occupait la première position. Du reste, aux pôles, dans ce cas, comme dans le précédent, le niveau des eaux reste toujours le même.

Ainsi donc, pendant les vingt-quatre heures et cinquante minutes que la Lune met en moyenne à faire le tour de la Terre, elle produit en chaque point de la surface de ce dernier astre deux élévations du niveau de la mer, ce que nous avons appelé *deux marées*, et de même, deux abaissements de ce niveau, ou deux marées basses.

Mais la Lune n'est pas seule à agir de la sorte sur la Terre. Il y a aussi le Soleil, qui, à lui seul, produirait un phénomène absolument analogue, sauf l'intensité. En effet, malgré sa quantité de matière, ou, si vous aimez mieux, son poids, qui est énorme par rapport à celui de la Lune, le Soleil est tellement éloigné de la Terre que les variations de niveau qu'il peut amener en un point de la surface de notre planète, supposée recouverte entièrement par les eaux de la mer, ne sont pas tout à fait la moitié de celles qui sont dues à l'attraction de la Lune.

Vous devez comprendre maintenant que la variation de niveau en un point de la surface terrestre, en un jour donné, sera plus ou moins forte selon que l'effet d'attraction du Soleil viendra ce jour-là s'ajouter à celui qui provient de la Lune, ou s'en retrancher.

Or, quand le Soleil et la Lune pourront-ils agir dans le même sens sur le niveau des eaux de la mer en un point donné ?

Ce sera bien évidemment lorsqu'ils seront tous les deux situés sur une même ligne passant par le centre de la Terre, c'est-à-dire aux époques des nouvelles Lunes et des pleines Lunes, lorsque ces deux astres sont en *conjonction* ou en *opposition*.

Vous comprenez donc qu'à ces époques que nous

avons précédemment désignées collectivement sous le nom de *syzygies,* se produiront les plus grandes marées, tandis qu'aux *quadratures* il n'y en aura que de petites, puisqu'alors les effets du Soleil et de la Lune se contrarieront.

Ce qui précède vous donne l'explication générale du phénomène des marées. Mais pour la rendre courte et facile, nous avons supposé (page 222) que la surface de la Terre était tout entière recouverte par les eaux de la mer. Vous savez pertinemment qu'il n'en est plus ainsi aujourd'hui, fort heureusement.

Supprimons donc cette supposition ; prenons les choses telles qu'elles sont, puis cherchons l'explication des différences assez considérables qui existent entre le phénomène réel et celui qui devrait se produire d'après ce qui a été dit plus haut.

D'abord, le temps qui s'écoule entre deux passages consécutifs de la Lune au méridien d'un même lieu au-dessus de l'horizon étant de vingt-quatre heures cinquante minutes en moyenne, chaque passage de la Lune dans ce méridien, tant au-dessus qu'au-dessous de l'horizon, doit être séparé du précédent et du suivant par un intervalle de douze heures vingt-cinq minutes. Par conséquent, à l'époque des syzygies, par exemple (pleines Lunes et nouvelles Lunes), où les effets du Soleil et de la Lune s'ajoutent, puisque ces deux astres sont en opposition ou en conjonction, il devrait y avoir douze heures vingt-cinq minutes entre deux pleines mers consécutives, et chacune d'elles devrait se produire au moment du passage de la Lune au méridien.

Il n'en est pas ainsi.

Le temps qui s'écoule entre deux marées est bien en moyenne de douze heures vingt-cinq minutes, mais le moment où chacune d'elles se produit n'est pas du tout celui où la Lune passe au méridien du lieu.

La marée haute n'a lieu qu'un certain temps après le passage. L'intervalle de temps qui s'écoule entre les deux instants est extrêmement variable, suivant les lieux. Dans certains ports français, à Calais, à Dunkerque, par exemple, ce retard atteint jusqu'à onze heures quarante-cinq minutes, tandis que dans certains autres, tels que Lorient, Bayonne, il n'est que de trois heures et demie. Il existe des tables dressées avec soin, dans lesquelles sont inscrits ces retards pour les différents ports. Les marins, pour lesquels la grandeur de ces retards est d'une importance sérieuse, lui ont donné un nom ; ils l'appellent l'*établissement du port*.

Ainsi, quand on lit dans les tables dont nous venons de parler : *établissement du port à Saint-Malo : six heures zéro minute*, cela veut dire qu'à Saint-Malo, la marée haute a lieu six heures juste après le passage de la Lune au méridien de Saint-Malo. Pour connaître avec précision l'heure de la marée dans ce port à un jour donné, il ne reste donc plus qu'à chercher l'instant précis du passage de la Lune au méridien de Saint-Malo ce même jour, opération que tout bon marin doit pouvoir exécuter facilement.

D'où vient maintenant ce retard habituellement désigné sous le nom d'établissement du port, et pourquoi ce retard est-il variable avec les côtes et avec les différents points d'une même côte ?

Ce seraient là de bien grosses questions, si nous voulions entreprendre de les vider à fond. Mais, sans aller aussi loin, nous pourrons du moins, comme vous allez voir, expliquer d'une façon satisfaisante l'ensemble du phénomène auquel elles se rapportent.

Les eaux de la mer, au lieu de recouvrir toute la surface terrestre, comme nous l'avions supposé plus haut, sont, au contraire, renfermées dans des intervalles limités, de deux côtés au moins, par de grandes terres libres, que l'on appelle des continents.

Prenons pour exemple l'océan Atlantique, qui est compris entre le nouveau monde (les deux Amériques) à l'ouest et l'ancien monde (Europe, Afrique et Asie) à l'est.

Vous le voyez figuré page **234**, et sur ses bords orientaux vous pouvez apercevoir les ports français qui ont été cités plus haut : Dunkerque, Calais, Lorient et Bayonne.

Lorsque, sous l'influence de l'attraction lunaire, le niveau, dans cet océan, doit s'élever du côté du vieux monde, les eaux se meuvent vers l'Europe et l'Afrique. Elles arrivent par conséquent sur les côtes françaises avec une certaine vitesse qu'elles ont acquise petit à petit à mesure que la Lune, se rapprochant progressivement de ces côtes, les y attirait avec plus d'intensité.

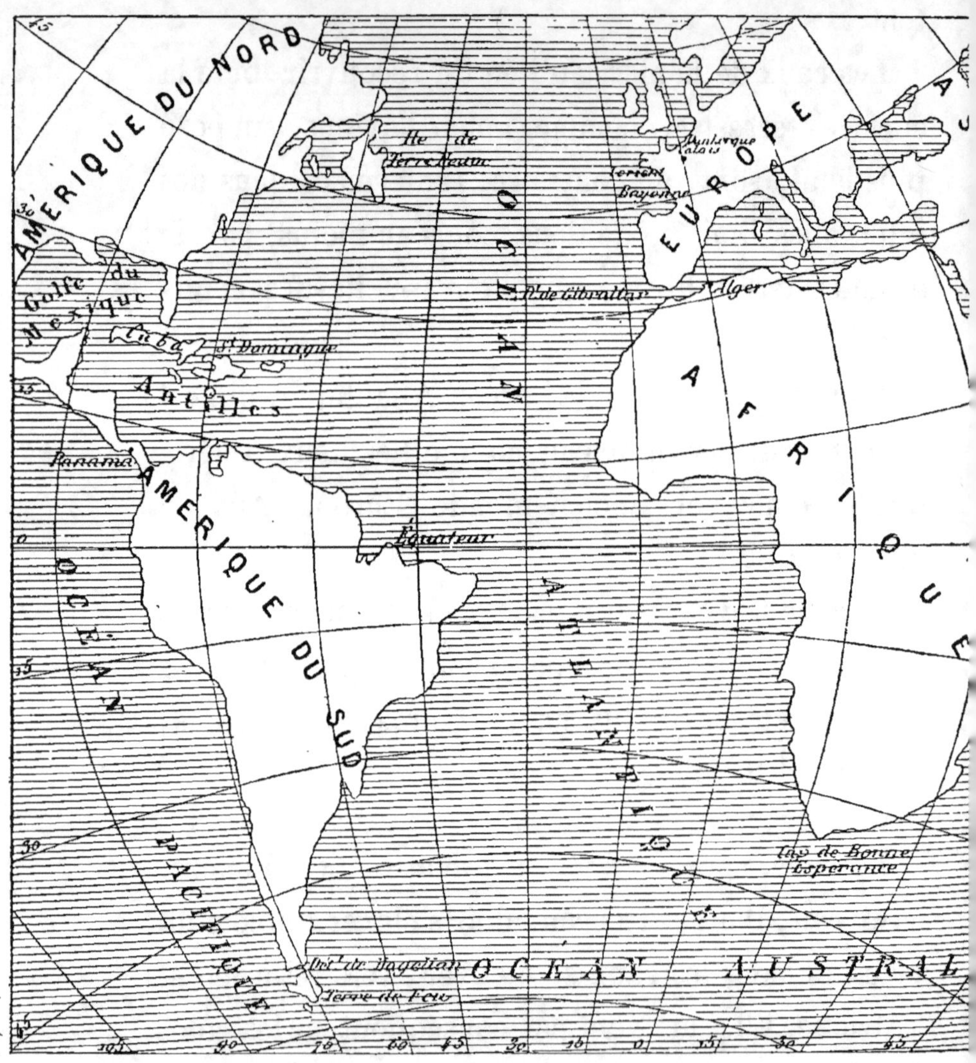

Supposons qu'au moment où la Lune et le Soleil passent ensemble au méridien de Lorient, par exemple, ces deux astres soient subitement privés de leur pouvoir attractif, ou, si vous préférez, supposons qu'ils soient anéantis. La cause qui produit les marées aura subitement disparu. En conclurons-nous que les eaux de l'océan Atlantique, alors en mouvement vers les côtes de la France, vont s'arrêter brusquement?

Évidemment non. Elles continueront à marcher dans le même sens en vertu de la vitesse qu'elles possèdent, jusqu'à ce que cette vitesse soit détruite par quelque résistance, par le frottement sur le fond de la mer, par leur propre poids résultant de l'attraction terrestre.

Par conséquent, à Lorient même, le niveau des eaux continuera encore à s'élever pendant un certain temps, bien qu'il n'y ait plus ni Lune ni Soleil. Mais alors, quand les deux astres sont encore là, et que, après avoir dépassé le méridien de Lorient, ils exercent encore sur une grande partie des eaux de l'océan Atlantique une action dirigée dans le même sens que le mouvement de ces eaux, il doit vous paraître bien évident que le niveau de la mer doit continuer à s'élever dans le port de Lorient pendant un certain temps.

Vous devez comprendre, de plus, que les eaux de l'océan Atlantique, se mouvant de la sorte d'occident en orient, c'est-à-dire du nouveau monde vers l'ancien, viennent s'accumuler contre la barrière formée par les côtes occidentales de l'Europe et de l'Afrique. Il doit en résulter une élévation de niveau plus grande que celle qui se produirait dans l'hypothèse où nous nous étions d'abord placés, en supposant la surface entière de notre planète recouverte par les eaux de la mer.

C'est en effet ce qui a lieu. En certains points des côtes françaises, à Lorient par exemple, dont nous avons parlé plusieurs fois, la variation du niveau des eaux atteint presque cinq mètres, tandis que, d'après ce que nous avons dit plus haut, elle ne devrait être, dans le cas le plus favorable, que de soixante-quatorze centimètres : cinquante centimètres provenant de l'action de la Lune, et vingt-quatre centimètres provenant de l'attraction du Soleil.

D'après cela, dans une mer qui ne serait pas limitée à l'ouest et à l'est, comme l'océan Atlantique, on ne devrait pas observer de pareilles différences de niveau. C'est effectivement ce qui a lieu dans le grand océan Austral, par exemple, qui recouvre toute la partie du globe terrestre voisine du pôle austral. La hauteur des marées y est considérablement plus faible que dans l'océan Atlantique.

Inversement, lorsque la cause à laquelle nous avons attribué cet excès d'élévation du niveau de la mer devient plus forte, l'effet produit doit devenir aussi, lui, plus considérable. C'est également ce qui a lieu dans la mer de la Manche. (Voir page 238.)

Lorsque le flot s'élève sur les côtes françaises de l'Atlantique, vers Brest et Lorient, comme cet océan communique assez librement avec la mer de la Manche, ses eaux se déversent dans cette espèce de grand canal, en y produisant ce qu'on appelle une *marée dérivée*.

Mais ce boyau, large d'abord, se trouve brusquement rétréci par la presqu'île du Cotentin, qui forme le fond de la baie de Cancale, du côté du levant. Cette barrière naturelle intercepte le passage des eaux en mouvement de l'ouest vers l'est, et par conséquent doit forcer leur niveau à s'élever. De là effectivement des marées très-fortes, qui dépassent douze mètres en certains points de la baie de Cancale, à Granville notamment, où la moyenne de hauteur aux syzygies est de douze mètres trente.

Si un pareil phénomène ne se produit pas dans la Méditerranée, où les marées sont à peine sensibles,

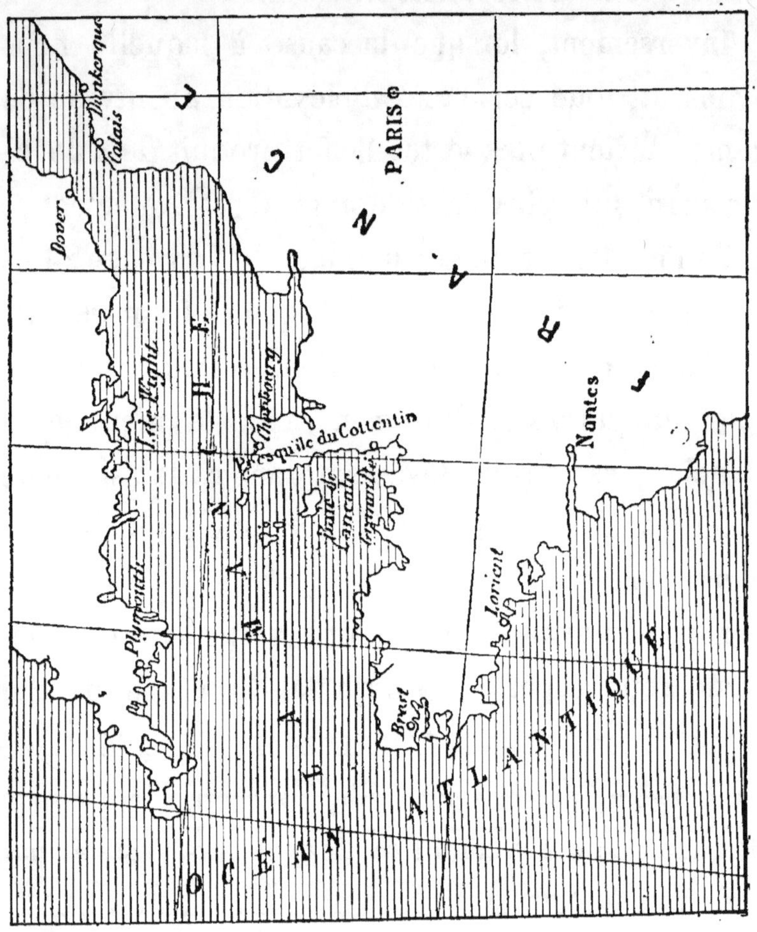

cela tient à ce que le détroit de Gibraltar, qui met cette mer en communication avec l'océan Atlantique, est trop étroit.

Les eaux de l'Océan ne peuvent s'écouler en abondance à travers un canal si rétréci, et comme, d'un autre côté, l'étendue de la mer Méditerranée est trop faible pour que les actions attractives de la Lune et du Soleil puissent s'y exercer avec une intensité suffisante, le flux et le reflux y sont alors presque nuls.

L'explication qui vient d'être donnée de la hauteur excessive des marées et de leur retard en un point donné s'applique parfaitement à un autre phénomène, ayant les mêmes causes principales que les deux précédents; nous voulons parler du retard de la *marée maximum* des syzygies.

Les plus grandes marées ne se produisent pas, en effet, le jour même des syzygies (pleines Lunes et nouvelles Lunes), comme cela devrait avoir lieu, d'après ce que nous avons dit tout d'abord, mais seulement un certain temps après.

Ainsi, dans les ports des côtes françaises, ce n'est qu'un jour et demi après la nouvelle ou la pleine Lune qu'ont lieu les plus fortes marées du mois. La persistance du mouvement produit par les attractions antérieures du Soleil et de la Lune, que nous avons signalées plus haut, suffit évidemment pour produire un semblable retard.

Quant aux inégalités considérables, quelquefois, qui existent entre deux marées des syzygies, elles ne sauraient non plus vous étonner, si vous réfléchissez que, à toutes les nouvelles Lunes par exemple, le Soleil et la Lune sont loin d'être chacun à la même distance de la Terre, et dans la même position par rapport à l'équateur terrestre.

Or, leur puissance attractive est, comme vous le savez, d'autant plus grande qu'ils sont plus rapprochés, et, pour une même distance, leur maximum d'action sur les eaux se produit lorsqu'ils sont le plus près de l'équateur terrestre. (Voir page 226.)

Il est donc tout naturel que les plus fortes marées se produisent aux équinoxes, quand la Lune est au périgée et en même temps très-voisine de l'équateur, parce qu'alors les deux conditions précédentes sont remplies.

Les plus faibles, au contraire, ont lieu par conséquent aux solstices, quand la Lune est à son apogée et en même temps loin du plan de l'équateur terrestre.

Laplace.

Il faut toutefois faire la part du vent, dont l'action sur les eaux de la mer est considérable, et qui, en agissant dans le sens du flux, peut exagérer la valeur d'une marée. Il n'est pas rare de voir alors des marées, ainsi favorisées par un grand vent, produire de véritables inondations, et l'on doit prendre des précautions pour éviter les désastres qui peuvent en résulter.

Vous possédez maintenant la partie principale de l'explication générale du phénomène des marées, dont la gloire revient au célèbre Laplace.

Elle est, comme vous le voyez, assez facile à comprendre. Mais, hâtons-nous de le répéter, elle est encore loin d'être complète. Telle que vous venez de la lire, elle ne saurait rendre compte de nombreux faits obscurs qu'il était inutile de citer, puisqu'on n'en pouvait donner l'explication. C'est qu'il faudrait, pour cela, montrer comment les formes du fond même des océans, et les obstacles invisibles contenus dans leur sein, agissent sur le mouvement de ces énormes masses liquides; et ce sont là des problèmes encore non résolus.

XIV

Vous devez vous rappeler, mes chers enfants, qu'en examinant le mouvement de la Lune autour de la Terre supposée fixe dans l'espace, nous avons remarqué de grandes analogies entre ce mouvement même et celui de la Terre autour du Soleil.

Entre autres ressemblances, nous avons signalé celle qui existe entre la forme des courbes décrites par ces deux astres. — L'*écliptique* et l'*orbite lunaire* (ce sont les noms que nous avons donnés à ces deux courbes), ont chacune la forme d'une grande ellipse, dont un foyer est occupé par l'astre relativement fixe, autour duquel tourne l'astre en mouvement.

Ce n'est point là une propriété particulière à la Lune et à la Terre.

Toutes les planètes décrivent, autour du Soleil, des ellipses dont cet astre occupe un des foyers.

C'est la *première* des trois fameuses lois connues sous le nom de *lois de Képler,* du nom de l'illustre savant auquel revient la gloire de les avoir découvertes.

D'après la *seconde,* que nous avons eu l'occasion d'expliquer (pages 93 et 123), la vitesse avec laquelle chaque planète se meut sur son orbite varie constamment, et cette vitesse à chaque instant du mouvement est telle que *la ligne joignant le centre de la planète au foyer de l'ellipse parcourue par elle, décrit des surfaces égales dans des temps égaux.*

Cette seconde loi est assez généralement désignée sous le nom de *loi des aires,* du mot *aire,* qui est en géométrie synonyme de *surface.*

La *troisième* loi de Képler indique la relation constante qui existe entre le temps employé par une planète à parcourir son orbite, et la plus grande dimension de cette ellipse, appelée en géométrie *le grand axe.* Cette loi est un peu moins simple que les deux autres; c'est pour cela que nous n'en avons point parlé plus haut, et que nous ne nous y arrêterons pas davantage.

Lorsque Newton découvrit les lois de l'attraction universelle, qui ont été énoncées dans le chapitre précédent, il connaissait, bien entendu, les lois de Képler. Ces dernières furent, en quelque sorte, son point de départ. Quand vous serez plus avancés dans vos études, vous apprendrez comment on démontre que les lois de Képler ne peuvent être vraies sans que celles de Newton le soient également, ce qui revient à dire que les unes sont des conséquences forcées des autres.

Bien que les magnifiques travaux de ces deux illustres savants eussent fait faire un pas immense à la science de l'astronomie, ils étaient loin de fournir une explication à peu près complète de l'ensemble des phénomènes, dont les principaux ont été passés en revue dans ce qui précède.

C'est un de nos compatriotes, le célèbre Laplace, qui, dans un gigantesque et immortel ouvrage intitulé : *Traité de mécanique céleste,* a résolu ce problème presque effrayant. Le sixième volume, qui porte le titre : *Exposition du système du monde,* est le couronnement de ce grandiose édifice. C'est dans ce dernier que vous pourrez chercher plus

14.

tard le développement et le complément des notions naturellement très - élémentaires contenues
dans ce modeste volume.

Telles que vous venez de les lire, elles auront
peut-être suffi pour vous donner une idée première
et générale des lois et des causes si longtemps mys-
térieuses du mouvement des planètes, c'est-à-dire
du *petit groupe* d'astres formant avec le Soleil, la
Terre et la Lune, ce que nous avons appelé, en commençant, le système solaire. Il faut dire « petit
groupe », puisqu'en effet, malgré les savantes in-
vestigations des astronomes contemporains, qui
l'ont presque décuplé, le nombre des astres connus
qu'il contient est aujourd'hui encore à peine égal
à cent.

Qu'est-ce que cela à côté de la multitude d'astres
semblables en apparence dont se compose pour
nous l'univers visible, au delà duquel notre imagi-
nation pressent de nouveaux mondes sans nombre,
dans l'immensité sans limites ?

Ici, beaucoup d'entre vous se demanderont peut-
être comment, d'après quelles lois, ces mondes,
dont l'infinité nous effraye tout d'abord et nous
confond, ont été semés et groupés dans l'espace.

C'est là une question terrible par sa grandeur même, mes chers enfants, une question comme on sait les faire à votre âge.

La science actuelle est impuissante à y répondre autrement que par des théories, c'est-à-dire par des suppositions qu'on a d'autant plus de raisons de consentir à admettre, que les *conséquences vraies* qu'on en peut tirer sont plus nombreuses, sans qu'il puisse en résulter aucune fausse.

A la question précédente, la réponse ainsi comprise a été donnée par Laplace lui-même. La simplicité de la théorie imaginée par cet illustre savant nous permettant de la donner ici presque entière, c'est par elle que nous terminerons ce volume.

Supposons la matière créée et remplissant uniformément l'espace, ce qui implique pour cette matière même une faible densité, c'est-à-dire une grande légèreté et, par suite, une température très-élevée. Vous savez en effet tous, ou presque tous déjà, que plus on élève la température d'un corps, plus il augmente de volume. Si ce corps est primitivement solide, comme le plomb, l'argent, l'or, le verre, les pierres, etc., il commence d'abord par fondre, c'est-à-dire par passer à l'état liquide. Puis, la température croissant toujours, il se volatilise, c'est-à-dire qu'il passe à l'état de vapeur, sous lequel il est assez léger déjà pour commencer à flotter dans l'air.

Il n'y a donc rien que de vraisemblable dans l'hypothèse qui nous sert de point de départ, et qui, nous le répétons, est la suivante :

« *L'espace, uniformément rempli d'une matière extrêmement légère, volatile ou gazeuse, et possédant une température très-élevée.* »

Cette matière que l'on désigne habituellement sous le nom de « substance chaotique », étant abandonnée à elle-même, va se refroidir et par suite se condenser.

C'est là une conséquence même de la remarque qui a été faite tout à l'heure. De ce qu'un corps augmente de volume à mesure que sa température s'élève, il résulte évidemment, en effet, qu'il se condense en se refroidissant. C'est, du reste, une chose que vérifie l'expérience de tous les jours, et sur laquelle il est superflu d'insister.

Le refroidissement de cette matière chaotique

s'effectue naturellement avec une grande lenteur. Il a fallu peut-être des millions de millions d'années pour que la température générale se soit abaissée d'une quantité appréciable. Mais, quel que soit le temps que ce refroidissement ait mis à s'opérer, la contraction qui en a résulté a dû produire un mouvement intérieur dans la masse première.

Quand vous serez plus avancés dans vos études physiques, vous verrez, du reste, que ce mouvement n'est que l'équivalent de la chaleur perdue. C'est une des lois fondamentales de la nature, que rien ne se perd ni ne se crée. Lumière, chaleur, électricité, mouvement ou force existant quelque part, ne peuvent disparaître sans qu'il se produise en échange, là ou ailleurs, force, mouvement, électricité, chaleur ou lumière. Cela revient à dire que toutes ces choses, si différentes en apparence, auxquelles nous donnons les noms qui précèdent, ne sont que des transformations les unes des autres.

Les petites parcelles constituant la masse chaotique, que les physiciens appellent atomes ou molécules, ainsi mises en mouvement, se rapprochent donc les unes des autres en certains points par suite du refroidissement. Elles constituent bientôt des groupements autour de ces points.

En vertu des lois découvertes par Newton, lois qui, pour avoir été si longtemps ignorées, n'en existent pas moins de toute éternité, ces points deviennent alors des centres d'attraction. Agissant chacun de leur côté, ils séparent la masse générale en grandes agglomérations de matière chaotique ayant déjà subi un commencement de condensation, et formant ce que les savants appellent des *nébuleuses.*

Entre ces nébuleuses, le vide, c'est-à-dire rien. Le refroidissement de chacune d'elles ainsi isolée dans l'espace va dès lors en s'accroissant rapidement. Elle se condense par suite de plus en plus, et se sépare aussi de plus en plus des nébuleuses voisines.

Le refroidissement continuant toujours, l'effet produit dans la masse entière va se répéter dans chacune de ces nébuleuses.

Quelle que soit celle que nous prenions pour exemple, elle va donc se séparer en une infinité de masses gazeuses distinctes, dont les centres de formation seront à leur tour autant de nouveaux centres d'attraction. D'après les lois de la mécanique, chacune de ces masses prendra la forme sphérique et sera animée de deux mouvements. Le premier sera un mouvement de rotation autour du noyau de la grande nébuleuse; le second, un mouvement de rotation de la masse partielle et sphérique sur elle-même. Ce dernier s'exécutera toujours autour d'une ligne passant par le centre même de cette espèce de boule de vapeurs. Vous apprendrez plus tard, en étudiant la mécanique, qu'il en doit être ainsi.

Chacun de ces fragments globulaires de la grande nébuleuse, se refroidissant à son tour, se comportera à peu près comme la grande nébuleuse elle-même.

Seulement, les matières qui le composent ont déjà subi une grande diminution de température, et, par suite, une condensation très-sensible. Elles sont à la fois plus voisines de l'état liquide et plus lourdes. Elles sont, en outre, animées d'un mouvement de rotation rapide autour du centre de la boule. Ce sont là autant de raisons pour qu'elles se reportent en excès vers l'équateur de cette masse.

Au bout d'un certain temps, les causes qui précèdent venant ajouter leur effet à celui que produit la condensation toujours croissante de ce gros globule, il y aura de nouveau séparation des matières qui le composent.

Une partie importante de ces matières restera groupée autour du centre; les autres pourront, pendant quelque temps, subsister réunies vers l'ancien équateur sous la forme d'un anneau fluide; mais, à la longue, cet anneau lui-même se brisera, et chaque fragment de l'anneau prendra à son tour la forme globulaire.

Leur ensemble constituera un système solaire comme le nôtre. Le gros globule central sera le Soleil de ce système, les autres en seront les planètes. Ces planètes seront encore à l'état fluide et incandescent, comme le Soleil, mais le reste de leur transformation est facile à expliquer, comme nous le verrons tout à l'heure.

D'après cela, notre Soleil qui est le noyau, le centre d'attraction du système auquel nous appartenons, a donc dû, à une certaine époque, ne former qu'une seule masse avec toutes les planètes qui composent ce système, la nôtre y comprise. Cette masse elle-même, aujourd'hui disloquée, n'était, et doit n'être encore qu'un des innombrables éléments d'une nébuleuse. Elle a donc dû, et elle doit encore aujourd'hui se mouvoir autour du centre d'attraction de cette nébuleuse.

C'est, en effet, ce qui est admis aujourd'hui par tous les savants. Si nous ne pouvons noter de changement de position sensible du Soleil dans l'espace, il n'y a pas trop lieu d'en être surpris, eu égard à l'immensité de la route qu'il doit parcourir et à la brièveté de la vie humaine.

Notre Terre n'est donc, en définitive, qu'un des infiniment petits éléments d'une nébuleuse comprenant tous les astres que notre œil découvre sur la voûte céleste, par une belle nuit, et bien d'autres encore.

La forme de cette nébuleuse est visiblement celle d'un disque aplati. C'est quand nous regardons dans le sens de sa largeur, parallèlement au plat du disque, que les myriades de Soleils qui en font partie dans ce sens, se projetant les uns à côté des autres et les uns sur les autres, nous apparaissent groupés sous la forme d'une longue bande blanchâtre à laquelle les anciens avaient donné le nom de *voie lactée*, que nous lui avons conservé.

Encore n'apercevons-nous que les astres qui ont

une lumière propre, c'est-à-dire ceux qui sont à l'état incandescent.

Quand nous regardons, au contraire, dans le sens de l'épaisseur du disque, les dimensions de la nébuleuse étant alors beaucoup moindres, notre œil ne trouve plus assez de systèmes solaires pour éprouver la même impression que tout à l'heure.

Nous apercevons séparément chacun des Soleils auxquels nous avons donné le nom d'étoiles.

Nos organes ne nous permettent pas de voir, même dans le sens de sa plus faible dimension, au delà des limites de cette nébuleuse dont nous faisons partie. De là pour nous l'impossibilité d'apercevoir les nébuleuses voisines, qui doivent être, du reste, prodigieusement éloignées de la nôtre.

Mais revenons à notre propre système solaire. Le Soleil et les planètes formés comme nous l'avons expliqué, et composés encore de matière chaotique très-fluide, d'une température très-élevée, et par suite lumineuse, il ne faudrait que répéter ce qui précède pour indiquer l'origine des satellites qui circulent autour d'elles, tantôt sous forme d'astres sphéroïdaux comme la Lune et les satellites de Jupiter et d'Uranus, tantôt sous forme d'anneau, comme cela a lieu pour Saturne, qui possède, du reste, en outre, sept satellites globulaires.

Mais une fois ces astres formés, la matière qui les compose, continuant à se refroidir avec d'autant plus de rapidité qu'ils sont plus petits, finit par atteindre une température à laquelle elle ne peut plus conserver tout entière l'état gazeux primitif.

Une partie de ses éléments va donc passer à l'état liquide, comme cela a lieu, par exemple, pour la vapeur qui s'échappe d'une chaudière et qui, arrivant au contact de l'air froid, retombe sur le sol en pluie fine.

Le refroidissement venant de l'extérieur, la partie qui se condense ainsi est naturellement celle qui est la plus éloignéedu centre.

L'astre va donc avoir la forme d'une boule de vapeurs entourée d'une mince couche liquide. Seulement, les matières qui composent la substance chaotique ne sont pas également volatiles. Les unes se condensent plus facilement que les autres. Ce sont celles-là qui vont donner la couche liquide en question. Les autres continueront d'exister à l'état de vapeurs au-dessus de cette couche même, et formeront par conséquent autour de l'astre une épaisse et encore brûlante atmosphère.

Petit à petit, le refroidissement continuant toujours, cette atmosphère s'épurera. Les matières les moins volatiles qui la composent se liquéfieront successivement et viendront grossir la première couche liquide par l'extérieur.

Cette couche s'accroîtra, du reste, en même temps à l'intérieur, par la condensation des vapeurs qu'elle renferme, car l'influence permanente du refroidissement se fera sentir aussi bien au-dessous d'elle qu'au-dessus.

Au bout d'un certain temps, dont la durée importe évidemment fort peu, la température se sera assez abaissée pour que les matières qui composent cette couche ne puissent plus se maintenir à l'état liquide. Une petite croûte, une pellicule, se formera à la surface de l'astre. Ce sont les matières les plus faciles à solidifier ou, si vous aimez mieux, les plus difficiles à fondre qui la composeront.

Comme cela avait eu lieu pour la couche liquide et pour les mêmes raisons, cette croûte elle-même s'augmentera par l'extérieur et par l'intérieur simultanément.

Dès qu'elle aura atteint une certaine épaisseur, elle perdra son éclat lumineux, par suite de son abaissement de température.

L'astre se composera alors d'une atmosphère épurée, enveloppant une croûte solide déjà sensiblement refroidie, à l'intérieur de laquelle seront comprises des matières conservant encore une très-haute température qui maintient les unes à l'état liquide, les autres à l'état de vapeurs.

Dans ces conditions, l'atmosphère de la planète, séparée du noyau intérieur par une croûte solide ne possédant plus qu'une faible chaleur, doit se refroidir elle-même très-rapidement.

Les vapeurs d'eau qu'elle contient vont donc se condenser et former à la surface de l'astre une nouvelle enveloppe liquide, tenant en suspension dans son sein des matières qu'elle laissera déposer lentement, et qui formeront ce que nous étudierons plus tard sous le nom de *sédiments*.

La vie végétale et bientôt la vie animale deviendront possibles sur le globule. La croûte solide de ce dernier allant constamment en augmentant, une partie de la masse aqueuse qui la recouvre sera bue peu à peu.

Il arrivera, par suite, un moment où il n'y aura plus assez d'eau pour recouvrir la surface entière de la planète. Il n'en existera plus que dans les dépressions produites par les ondulations de la pellicule qui s'était formée tout d'abord, et qui n'a pu rester unie lorsque le noyau intérieur, se condensant, a diminué de volume. Les océans seront tracés. La vie animale se développera avec intensité sur les surfaces abandonnées par la couche liquide.

Mais la croûte solide, continuant d'absorber peu à peu les eaux qui composent les océans, finira par les tarir. Dès que les océans auront disparu, la vie cessera à la surface de la planète, et l'astre lui-même entrera, en quelque sorte, dans une période d'agonie.

Jusque-là, en effet, la diminution de volume du noyau intérieur, produite par la condensation successive des matières qui le composent, avait pu être compensée par l'absorption des eaux recouvrant l'enveloppe solide.

Une fois ces eaux complétement bues, l'écorce commencera à se fendiller. Elle présentera bientôt de larges et profondes crevasses, à travers lesquelles l'atmosphère même de l'astre se précipitera à l'intérieur.

Cette fois l'astre sera complétement mort.

Bientôt, les crevasses augmentant de dimensions et se multipliant, il se brisera. Les morceaux se distribueront le long de l'orbite que décrivait la planète avant sa dislocation ; et, après un certain temps, ils finiront par tomber à la surface de l'astre plus gros placé au foyer de cette orbite elliptique.

Ces fragments, c'est-à-dire l'ancienne planète morcelée, feront dès lors partie de nouveau de ce gros astre, auquel elles avaient appartenu dans l'origine, et rentreront par son intermédiaire dans le mouvement général.

Ces diverses phases se succéderont sur les différents astres avec une rapidité d'autant plus grande que ces astres seront plus petits.

Nous pouvons, du reste, les observer toutes, rien que dans notre propre système solaire.

Ainsi, le Soleil est encore à la période incandescente ou lumineuse, à l'aurore par conséquent de sa vie planétaire.

La planète Saturne, plus considérable comme volume que la Terre, mais moindre que le Soleil, a autour d'elle un anneau qui n'est pas encore brisé, et résolu en satellites de forme sphérique.

La Terre est entrée dans sa période vitale. Elle a encore son atmosphère et ses océans.

La Lune, plus petite que la Terre, est déjà un astre mort. Son écorce est crevassée; ses océans sont bus; son atmosphère elle-même s'est précipitée dans son intérieur. Elle approche du moment où elle se brisera.

Enfin les savants contemporains admettent assez généralement qu'un autre satellite de la Terre, qui était de son vivant plus petit que la Lune, a déjà terminé son existence, et s'est brisé. Ses fragments tournent autour de notre planète, dans le voisinage de son ancien orbite, et tombent successivement à la surface de la Terre. Ce sont ces *météorites,* dont on enregistre chaque jour, de çà, de là, la chute en divers points du globe, et que l'on désigne le plus ordinairement sous le nom d'*aérolithes* ou *pierres tombées du ciel.*

Comme nous l'avons dit tout d'abord, tout ceci n'est sans doute qu'une théorie, c'est-à-dire un ensemble de suppositions, dont on ne peut démontrer l'exactitude absolue.

Mais comme cela concorde bien avec les faits réels, comme cela les rend faciles à comprendre!

Notre intelligence, séduite par la simplicité même de l'explication, l'accepte sans le moindre effort, ce qui est toujours le caractère propre des bonnes théories.

En étudiant spécialement la constitution particulière de la Terre que nous habitons, nous verrions que celle qui précède est en outre confirmée par de nombreux faits de détail, sans être jamais contredite par aucun.

Il est donc vraisemblable que vous l'accepterez aussi, vous, comme une réalité, surtout quand vous connaîtrez les ingénieuses expériences à l'aide desquelles un physicien belge contemporain, M. Plateau, a pu en donner une confirmation d'un autre genre.

Dans de l'eau ordinaire, qui est plus lourde que l'huile d'olive, M. Plateau verse de l'alcool, qui est, au contraire, plus léger. En mélangeant de la sorte, dans des proportions convenables, l'eau et l'alcool, on obtient facilement un liquide ayant exactement la même densité ou, si vous aimez mieux, le même poids que l'huile d'olive.

Ceci fait, avec un tube creux, M. Plateau introduit tout doucement au milieu de ce mélange une grosse goutte d'huile d'olive. Cette goutte, n'étant ni plus lourde ni plus légère que le mélange, n'a aucune raison d'aller au fond ni de remonter à la surface. Elle reste donc en suspens dans le mélange, au point même où elle a été déposée. On la voit prendre une forme parfaitement sphérique.

Le physicien belge fait alors passer par le centre de ce globule huileux une fine aiguille métallique, à laquelle il donne un rapide mouvement de rotation.

L'aiguille, étant un peu adhérente à l'huile, entraîne celle-ci dans son mouvement. Voilà la boule sphérique liquide qui tourne autour d'un axe passant par son centre.

A mesure que sa vitesse croît, on la voit s'aplatir dans le sens de la ligne des pôles, représentée par l'aiguille. Elle se renfle naturellement petit à petit vers l'équateur, et quand la vitesse de rotation est devenue assez grande, un anneau se sépare du globule et continue à tourner autour de la goutte d'huile, réduite de volume et toujours sphérique.

C'est absolument l'anneau de Saturne. Le mouvement continuant à s'accélérer, on voit l'anneau s'agrandir en s'amincissant; au bout de quelque temps il se brise. Au lieu d'un anneau, on a un ou plusieurs petits globules sphériques, comme les planètes. Chacun d'eux tourne autour de ce qui reste de la goutte d'huile primitive, comme la Terre autour du Soleil.

Vous le voyez, c'est un véritable petit système solaire artificiel, se formant comme l'indiquait tout à l'heure la théorie de Laplace, dont cette expérience enfantine est en quelque sorte une démonstration expérimentale.

Qu'y a-t-il de plus naturel, après cela, que de vous convier à admirer et à admettre, comme tant d'autres, cette théorie si magistrale par sa simplicité même? Et comment pourrions-nous mieux terminer ce petit volume que par le passage suivant, dû à la plume de l'illustre auteur de la *Mécanique céleste?*

« L'astronomie, par la dignité de son objet et par
« la perfection de ses théories, est le plus beau mo-
« nument de l'esprit humain, le titre le plus noble
« de son intelligence.

« Séduit par les illusions des sens et de l'amour-
« propre, l'homme s'est regardé longtemps comme
« le centre du mouvement des astres, et son vain
« orgueil a été puni par les frayeurs qu'ils lui ont
« inspirées.

« Enfin, plusieurs siècles de travaux ont fait tom-
« ber le voile qui cachait à ses yeux le système du
« monde. Alors il s'est vu sur une planète presque
« imperceptible dans le système solaire, dont la vaste
« étendue n'est elle-même qu'un point insensible
« dans l'immensité de l'espace.

« Les résultats sublimes auxquels cette découverte
« l'a conduit sont bien propres à le consoler du rang
« qu'elle assigne à la Terre, en lui montrant sa propre
« grandeur dans l'extrême petitesse de la base qui
« lui a servi pour mesurer les cieux.

« Conservons avec soin, augmentons le dépôt de
« ces hautes connaissances, les délices des êtres pen-
« sants. Elles ont rendu d'importants services à la
« navigation et à la géographie ; mais leur plus grand
« bienfait est d'avoir dissipé les craintes produites
« par les phénomènes célestes, et détruit les erreurs
« nées de l'ignorance de nos vrais rapports avec la
« nature ; erreurs et craintes qui renaîtraient promp-
« tement, si le flambeau des sciences venait à s'é-
« teindre. »

FIN.

TABLE DES MATIÈRES

CONTENUES DANS CE VOLUME

BIBLIOTHÈQUE NATIONALE R F

Le ciel. — Les planètes. — La Terre. — La Lune. — Système solaire. — Notions premières. . . . . 1 à 6

II

Mouvements simp'es de la Terre. — L'écliptique. — Conséquences premières de l'inclinaison de l'axe de la Terre sur l'écliptique. . . . . 7 à 26

III

Autres conséquences de l'inclinaison de l'axe de la Terre. — Variations séculaires dans la valeur de cette inclinaison. — Équinoxes. — Solstices. . . . . 27 à 41

IV

Explication des saisons, de leurs variations, de leur inégalité, etc. — Mouvements secondaires de notre planète. . . . . . 42 à 51

V

Preuves simples des phénomènes précédemment décrits et expliqués. — Constellations. — Zodiaque. — Mouvements apparents . . . . 52 à 62

VI

Preuves du mouvement diurne. — Cadrans solaires ; Gnomon. — Etoile polaire. — Histoire de la découverte du mouvement de la Terre. . . . . 63 à 85

VII

Définition du midi en un point de la Terre. — Jour solaire. — Jour moyen. — Jour civil. . . . . 86 à 97

VIII

Année tropique. — Année civile. — Calendriers divers. — Histoire des calendriers. . . . . 98 à 115

IX

Mouvements simples de la Lune. — Leur analogie avec ceux de la Terre. — Mois lunaire ou lunaison. — Librations. — Nœuds. . . . . 116 à 141

X

Phases de la Lune. — Leur explication. — Lumière de la Lune. — Forme de la Lune. — Oppositions et conjonctions. — Révolutions synodique et sidérale. . . . . 142 à 170

XI

Ce qu'on entend par grandeur apparente. — Les éclipses en général. — Description et explication des éclipses de Soleil. . . . . 171 à 193

XII

Description et explication des éclipses de Lune. — Moyens simples de calculer les éclipses. . . . . 194 à 208

XIII

Des marées. — Explication du phénomène des marées. — Lois de l'attraction universelle. — Des causes qui influent sur l'importance des marées. 209 à 242

XIV

Exposé sommaire de la théorie de Laplace sur la formation des mondes. — Expériences simples à l'appui de cette théorie. — Conclusions. . . . . 243 à 264

FIN DE LA TABLE DES MATIÈRES.

PARIS. TYP. E. PLON ET Cⁱᵉ, RUE GARANCIÈRE, 8.

[illegible handwritten annotation]

www.ingramcontent.com/pod-product-compliance
Lightning Source LLC
LaVergne TN
LVHW020151030726
842520LV00003B/690